望江芳华

——四川大学校园植物图谱

白洁 编著

高等教育出版社·北京

内容简介

　　本图谱共收录四川大学望江、华西、江安三个校区149科750种植物，包括苔藓植物2科2种、蕨类植物14科18种、裸子植物8科21种、被子植物125科709种。图谱具有以下特色：（1）种类丰富，共记载四川大学校园植物750种，对易混淆的62种植物进行了简要比较。收录的植物种类具有四川盆地植物代表性。（2）图文并茂，物种描述以重要形态特征为主，辅以药用价值及文化内涵简介。选用的1200余幅照片均为原创，尽可能反映植物特征，并结合局部关键特征的特写，便于读者快速识别。（3）集学术性、趣味性和艺术性为一体，本书精选了颂赞植物的经典诗词、典故以及药用价值，读者在识别植物的同时，也可领略和探究中国植物博大精深的文化内涵和精髓，怡情悦意并修身养性。

　　本图谱可作为生物学、园林行业人员和植物爱好者的实用工具书，也可作为高等院校生物学、园林、风景园林、景观学、城市规划等相关专业学生的实习指导书。

图书在版编目（CIP）数据

　　望江芳华：四川大学校园植物图谱 / 白洁编著 . --

北京：高等教育出版社，2016.8

　　ISBN 978-7-04-045177-1

　　Ⅰ . ①望… Ⅱ . ①白… Ⅲ . ①四川大学－植物－图谱

Ⅳ . ①Q948.5271.1-64

　　中国版本图书馆CIP数据核字（2016）第074976号

WANGJIANGFANGHUA

策划编辑　王　莉	责任编辑　王　莉		书籍设计　王舒婷　高海钰
责任印制　朱学忠			

出版发行	高等教育出版社	网　　址	http://www.hep.edu.cn
社　　址	北京市西城区德外大街4号		http://www.hep.com.cn
邮政编码	100120	网上订购	http://www.hepmall.com.cn
印　　刷	北京信彩瑞禾印刷厂		http://www.hepmall.com
开　　本	850mm×1168mm 1/32		http://www.hepmall.cn
印　　张	10		
字　　数	420千字	版　　次	2016 年 8 月第 1 版
购书热线	010–58581118	印　　次	2016 年 8 月第 1 次印刷
咨询电话	400–810–0598	定　　价	46.00元

序

四川大学位于成都市西南部，近几十年来经过国家对高等学校的调整，两次强强联合，四川大学、成都科技大学、华西医科大学三所学校联合，组成了现在的四川大学，再新建了一处——四川大学江安校区，因此川大就分成了望江、华西、江安三个校区，校园范围庞大，面积达7000多亩地。由于学校历来重视校园的环境建设，每一处都郁郁葱葱，浓荫密蔽，掩映着一幢幢高大的教学楼、实验大楼等，下面是花卉点缀着一片片碧草如茵的草坪，校内还有溪流连接着湖泊环绕，是国内最美的校园之一。安静的环境，浓郁的学术氛围，真是个美丽的读书和治学宝地，培养人才的摇篮。

华西和望江（川大老校）两校区，都有近百年的建设历史，江安校区新建也有十多年了。我青少年时代在成都住过，后来又在川大读书和工作，目睹了川大的发展壮大，也见证了校园的历史变迁。今天的校园范围是过去老川大的若干倍，校园面积大了，生长的植物种类多了，就需要了解每一类植物的习性、特点，合理地布局，发挥它们的最大效益，满足校内各学科教学、科研和实验用材的需要。

四川大学生命科学学院白洁老师一直从事高等植物方面的研究，获得国家自然科学基金的资助，全面考察了川大三个校区的植物，经过两年多的努力工作，编写出一部记载川大校园植物的图书，这是一件十分重要的工作。川大自建校以来尚缺这方面完整的资料。全校（三校区）共有植物149科750余种（含种下单位），书中描述了每一物种的重要特征，并配有彩色照片，以便于识别。一所高校的校园就有植物750余种之多，实不多见。植物种类丰富的美丽校园，也代表了我国西南部是中国植物种类最丰富的地区，彰显了本区的地域特色。多彩的植物美化着国家重点大学，这是自然与社会最美的结合。

校园植物，既营造了校园优良的生态环境，也为校内各相关学科（如植物学、园林科学、生态学、药物学等）提供了教学及科研的实物用材。一株古老的名木古树更是包含了丰富的科学历史和文化内涵，需要倍加珍惜爱护。本书内容丰富，图文并茂，它的问世将提供一部完整的川大校园植物名录，也为学习者和爱好者提供了一本鉴别植物的参考书，通过进一步的了解和深入研究，定会发现更多植物的特性和功能，并为人类开发和利用。

特书弁语，祝贺本书的出版，并与此书合作者共庆贺母校——四川大学建校 120 周年。

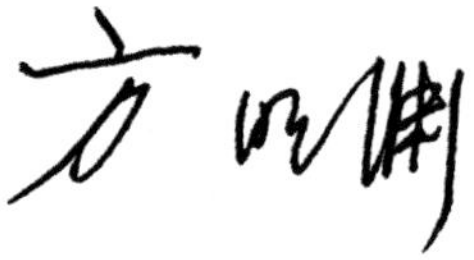

方明渊

2016 年 3 月

　　四川大学是一所教育部直属全国重点大学，环境幽雅、花木繁茂、碧草如茵，是读书治学的理想园地。编者因教学常带学生去校园认识植物，学生兴趣浓厚。"传道授业解惑"的职责既让人感到充实，也感到学术严谨的重要。随着人们对自然的亲近，越来越多的人愿意关注身边的花草树木。在此背景下，萌发了编写一本校园植物图谱的愿望，让大家依图鉴物、了解植物学知识，从而激发更爱自然、爱生活、爱校园的情怀。经过2年的努力，书稿终于在阳春3月完成。

　　"四川大学校园植物图谱"的书名《望江芳华》取自四川大学望江、华西和江安三校区的"望""华"和"江"而得名。

　　"四川大学校园植物图谱"共收集四川大学三个校区的植物149科750种（含种下分类单位）植物，其中苔藓植物2科2种、蕨类植物14科18种、裸子植物8科21种、被子植物125科709种。书中植物分类系统依据恩格勒系统，植物学名、中文名依据《Flora of China》《中国植物志》，个别参考了"中国在线植物志"（http://www.eflora.cn/）"植物名录网"（http://www.theplantlist.org/）等资料。本书在写作中还参考了《中国花经》、《花卉文化与园林观赏》、《园林树木1600种》等书籍。

　　本图谱中的植物种类丰富。记载了四川大学校园植物750种，对于易混淆植物（62种）也进行了简要比较。然而，四川大学校园植物远不止750种，由于疏漏，华西校区的粉单竹，江安校区的黄竹、平车前未收录。此外，华西药用植物园的植物种类丰富，但因教学需要，草药种类变更较大，因此本书收录了常年种植、兼具观赏和药用价值的植物68种（草本37种、木本31种），书中以紫色序号代表华西药用植物园特有。收录的校园植物中既有国家一级珍稀濒危保护植物，也有现今流行的园林花木。植物种类具有四川盆地植物代表性。

　　本书图文并茂。植物种以描述主要形态学特征为主，辅以药用价值及植物文化内涵的简介。使用照片近 1200 张，均为原创。所选照片能反映植物特征，并结合局部关键特征的特写照片，以便读者快速识别。此外，书后所附的植物形态术语图示和四川大学校园种子植物分科检索表，也为读者使用提供了便利。

　　本书集学术性、趣味性和艺术性为一体。植物和人类息息相关，除生态作用外，还有食用、药用、美化和营造意境等功能。植物的姿、色、香和韵等自然美，孕育了人类独具匠心的艺术美，形成了丰富的植物文化内涵。本书精选了颂赞植物的诗词、典故以及药用价值，希望读者在认识植物的同时，也能领略中国植物博大精深的文化内涵和精髓，怡情悦意并修身养性。

　　雨露之恩，难以忘却。非常感谢导师张泽荣先生将我带入分类学的殿堂。在学习和工作中，又得到方明渊先生、谭仲明先生、赵振镰先生、赵清盛先生等前辈们的悉心指导。本书在编写过程中承蒙生命科学学院领导和老师们的关心和鼓励，生命科学学院赵云副院长、教务处兰利琼副处长、后勤部邓益副处长给予了建议和帮助，感谢分类学专家何兴金教授（四川大学）、汪小凡教授（武汉大学）、刘全儒教授（北京师范大学）、陈新教授（成都中医药大学）以及植物爱好者周欣欣给予的指导和帮助，在此予以鸣谢。

　　十分感谢方明渊先生在百忙中为本书作序。感谢高等教育出版社王莉老师和她团队的严谨、睿智及专业精神。

　　以下人员参与了本书编写的部分工作，在此一并致以深切的谢意：

　　植物形态术语图示绘图：邵平悦；

　　植物分类信息收集整理：陈霞连、杨华侨、田金华、何欢、陈可、曲琦雯；

　　植物人文信息收集整理及文字校对：孙雨珂（艺术学院）；

　　照片初排及文字校对：杨华侨、邵平悦、李数数；

　　植物照片：马详光（北水苦荬、积雪草、鹅草、萤蔺、芦苇花）、赵琨（蕨）、袁豪（江安长桥景观）、孙雨珂（华西校区景观）；

　　后勤部牟君明老师、田佳老师、马芃锐、池朋亮、陈秋逸和单羿等师生参与了江安校区植物普查工作。

　　本书可作为生物学、园林行业人员和植物爱好者的实用工具书，也可作为生物学、园林、风景园林、景观学、城市规划等相关专业学生的学习和实习指导书。

本书出版得到国家自然科学基金委基础科学人才培养项目(J1210077)、四川省高等教育人才培养质量和教学改革项目、四川大学基础学科生物学拔尖学生培养试验计划项目的资助。

由于篇幅所限，本书植物学名未列出定名人；形态特征描述也以简练为准，如"无托叶""叶先端渐尖""叶基部楔形"等特征不再赘述，花果期描述也仅限于兼具观赏和药用价值的植物，特此说明。书中用三叶草的三片小叶表示植物在四川大学三个校区的分布情况，上（橙色）、右（浅黄色）、下（浅绿色）分别代表望江、华西和江安校区有分布，深绿色表示无分布。

望江校区

华西校区

江安校区

分布区图示

限于编者水平，错误及疏漏之处在所难免，敬请专家和读者批评指正。

谨以此书献给亲爱的母校 120 周年校庆！

编　者

2016 年 3 月于望江

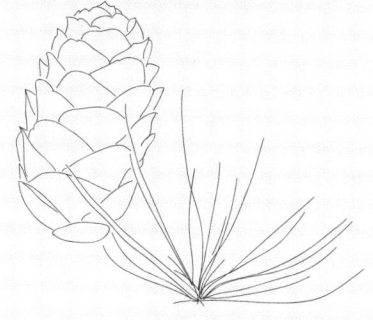

被子植物（双子叶植物离瓣花类）

被子植物（双子叶植物合瓣花类）

被子植物（单子叶植物）

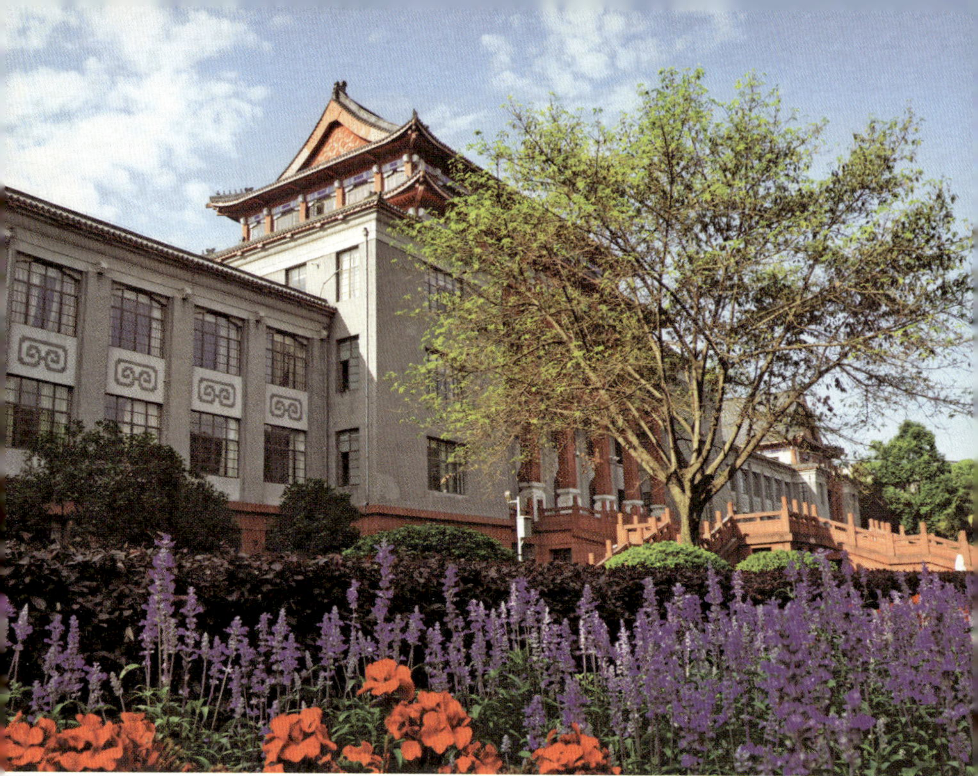

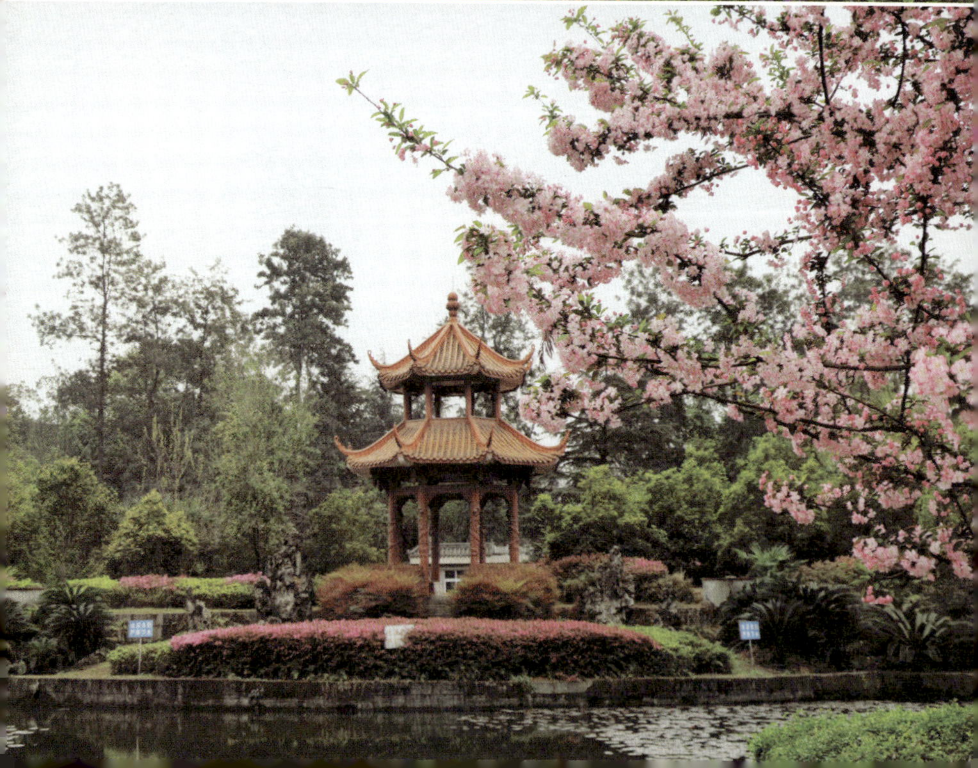

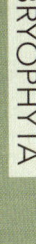

苔藓植物
BRYOPHYTA

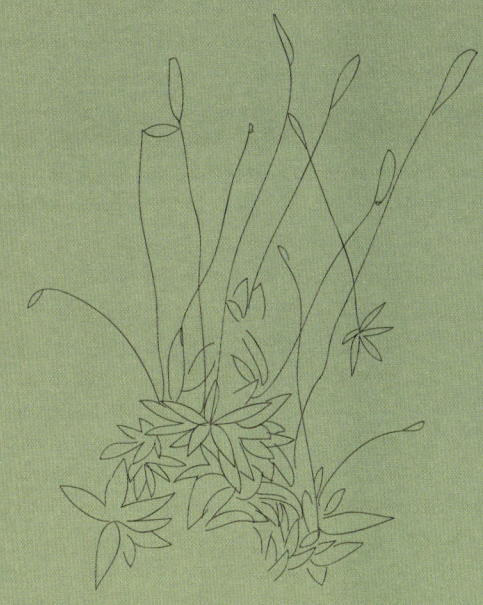

地钱科　Marchantiaceae

　　叶状体，有明显的背腹之分，腹面有假根。雌雄异株。雌雄托有柄，均高出叶状体。孢蒴球形或长椭圆形。如有芽胞时，则生在特殊的胞芽杯中。

1

地钱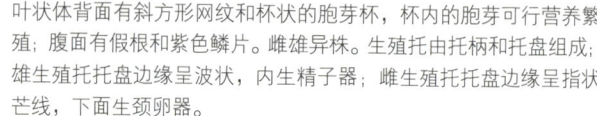
Marchantia polymorpha
地钱属

叶状体背面有斜方形网纹和杯状的胞芽杯，杯内的胞芽可行营养繁殖；腹面有假根和紫色鳞片。雌雄异株。生殖托由托柄和托盘组成；雄生殖托托盘边缘呈波状，内生精子器；雌生殖托托盘边缘呈指状芒线，下面生颈卵器。

　❀ 喜阴湿环境。外用治烧烫伤和疮痈肿毒等。

葫芦藓科　Funariaceae

　　茎叶体，矮小。茎直立，具假根。叶集生茎顶；质柔薄。多雌雄同株，雄器苞盘状，生主枝顶，雌器苞生侧枝顶。蒴柄细长；孢蒴梨形或倒卵形；蒴盖半圆状平凸；蒴帽兜形，膨大具喙。

2

葫芦藓
Funaria hygrometrica
葫芦藓属

植物体高 1~3 cm。茎单一或基部稀疏分枝。叶簇生茎顶，长舌形，渐尖，全缘；中肋粗壮。雌雄同株异苞；雄苞顶生，形如小花；雌苞形如花芽；蒴柄细长，上部弯曲，孢蒴弯梨形。

　❀ 喜阴湿环境。可作监测空气污染的指示植物。全草入药有除湿止血的功效。

♀

雄生殖托

胞芽杯

假根

1

2

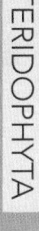

蕨类植物
PTERIDOPHYTA

卷柏科　Selaginellaceae

草本。茎单一或二叉分枝。单叶，基部具叶舌；叶常二型，在匍匐茎上排成4行，2行侧叶较大，2行中叶较小。顶生孢子叶穗四棱柱形；孢子叶成4行排列。孢子囊生于叶腋。

3

翠云草
Selaginella uncinata
卷柏属

多年生草本。茎伏地蔓生，具不定根。叶二型，在直立茎上为螺旋状排列；在匍匐茎上成4行排列，羽叶蓝绿色。孢子囊穗四棱形。
✿ 我国特有。全草清热解毒、消炎止血。

木贼科　Equisetaceae

茎直立，有纵肋，具节和节间之分，节间中空；节上具轮生枝。叶鳞片状，轮生，基部联合成具齿的鞘；孢子囊生于盾形孢子叶下，在枝顶形成椭圆形孢子叶球。

4

披散木贼
Equisetum diffusum
木贼属

根茎横走。地上枝一型，当年枯萎。枝脊两侧隆起成棱，每棱有一行小瘤伸至鞘齿；鞘筒狭长；鞘齿，披针形，先端尾状，黑棕色，鞘背有深纵沟。孢子囊穗圆柱状，顶端钝，成熟时柄伸长。

5

节节草
Equisetum ramosissimum
木贼属

多年生草本。地上枝一型，基部多分枝。叶鳞片状，鞘片无棱脊，鞘齿短三角形，黑色，有易落的膜质尖尾。孢子囊穗矩圆形，有小尖头，无柄；孢子囊盾状着生于六角形孢子叶下。
✿ 地上茎入药，明目退翳、清热利尿。亦用于人工湿地沙滤系统。

海金沙科　Lygodiaceae

攀缘植物。根状茎横走。叶远生；一型或二型，若二型，则能育叶仅较不育叶为不同程度狭缩，边缘生流苏状孢子囊穗；叶脉常分离。孢子囊近梨形，生于小脉顶端。

6

海金沙
Lygodium japonicum
海金沙属

缠绕草本。叶二型；不育叶尖三角形，二回羽状，小羽片掌状或三裂，有钝齿；能育叶卵状三角形，边缘生流苏状孢子囊穗。
✿ 孢子入药，清热解毒，利水通淋，治尿路感染或尿路结石。

桫椤科　Cyatheaceae

木本树状蕨类植物。茎粗壮，直立，常不分枝，被鳞片。叶大型，簇生茎顶成对称的树冠；叶片2~3（4）回羽状；叶脉常分离，单一或分叉。孢子囊群圆形，生于小脉背上。

7

桫椤
树蕨、刺桫椤
Alsophila spinulosa
桫椤属

木本。大型羽叶螺旋状簇生于茎端；叶柄较长，连同叶轴和羽轴有刺状凸起；叶片长1~3 m，3回羽状深裂；小羽片披针形；叶脉羽状分裂。孢子囊群多数，生于侧脉分叉处。
✿ 国家Ⅱ级保护植物，有"活化石"之称。喜半荫、温暖湿润气候及酸性土壤。树形美观，观赏价值高。

3

4

5

6

7

凤尾蕨科 Pteridaceae

根状茎长而横走，被毛或鳞片。叶羽状分裂或复叶或单叶全缘，与根茎之间无关节。孢子囊群近边缘着生，囊群盖向边缘开裂，或被反卷的叶缘，或为线形而不具盖。

8

井栏边草
Pteris multifida
凤尾蕨属

根状茎直立，被黑色鳞片。叶簇生；能育叶1回羽状，下部羽片2~3叉，除基部1对外，其余基部下延成狭翅，羽片条形；不育羽片较宽，缘有不整齐锯齿。孢子囊群沿叶下边缘着生。

9

蜈蚣草
Pteris vittata
凤尾蕨属

根状茎直立，密生条形鳞片。叶簇生；叶轴疏被鳞片；1回羽状复叶，羽片线状披针形，无柄；侧脉单一或分叉。孢子囊群条形，沿羽片边缘着生。囊群盖膜质。

铁线蕨科 Adiantaceae

根状茎被鳞片。叶一型，簇生；叶柄黑色或红棕色，细圆，较硬，有光泽；1~3回羽状复叶或二叉掌状复叶，稀团扇单叶；叶脉分离。孢子囊群生羽片顶部边缘叶脉上，具假囊群盖。

10

铁线蕨
Adiantum capillus-veneris
铁线蕨属

多年生草本。根状茎横走。叶柄纤细，栗黑色；叶片卵状三角形，中部以下2回羽状；羽片互生，倒卵形、斜扇形，缘浅裂。

✿ 株型秀丽，盆栽或点缀山石盆景。药用，清热解毒、除湿利尿。

蹄盖蕨科 Athyriaceae

根状茎横走或斜生，疏被鳞片。叶簇生、近生或远生；叶片1~3回羽状；叶柄上有1~2条纵沟，下面圆。孢子囊群常生于叶脉背部或上侧。

11

东洋对囊蕨
假蹄盖蕨
Deparia japonica
对囊蕨属

根状茎横走，疏生阔披针形鳞片。叶远生；叶柄禾秆色，疏生棕色短曲毛和披针形小鳞片；叶片披针形，革质，2回深羽裂，达羽轴两侧的阔翅；裂片圆头并有浅圆齿。孢子囊群条形，单生小脉中部；囊群盖边缘撕裂状。

铁角蕨科 Aspleniaceae

根状茎横走或直立，被披针形小鳞片。叶远生、近生或簇生；叶柄常栗色有光泽，上有纵沟；单叶或1~4回羽状细裂复叶；叶脉分离。孢子囊群多线形，沿小脉上侧着生；囊群盖全缘。

12

北京铁角蕨
Asplenium pekinense
铁角蕨属

叶簇生，披针形，2回羽状或3回羽裂；叶柄有鳞片及狭翅；羽片三角状矩圆形，基部羽片略缩短。矩圆形孢子囊群每裂片1。

☛ 本种与华中铁角蕨（*A. sarelii*）区别在于后者叶柄近光滑，叶草质，矩圆形，3回羽状，基部一对羽片不缩短或最大。

金星蕨科   Thelypteridaceae

根状茎被鳞片。叶簇生、近生或远生；叶常一型，2 回羽裂；羽片基部对称，羽轴上面或凹陷成纵沟，被鳞片；叶脉分离或为网状。孢子囊群背生于小脉中部或近顶生。

13

渐尖毛蕨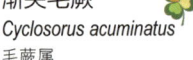
Cyclosorus acuminatus
毛蕨属

根状茎横走，密被棕色鳞片。叶远生；叶柄深禾秆色；叶片阔披针形，先端尾尖并羽裂，上面密被短刚毛，2 回羽裂；羽片披针形，互生。圆肾孢子囊群生侧脉上部；囊群盖密生柔毛。

14

金星蕨
Parathelypteris glanduligera
金星蕨属

根状茎横走，略生披针形鳞片。叶近生，有柠檬色腺体及柔毛；叶片披针形或阔披针形，先端渐尖并羽裂；2 回深羽裂；羽片全缘；叶脉明显，侧脉单一。圆肾形孢子囊群生于侧脉近顶处。

乌毛蕨科   Blechnaceae

根状茎匍匐或直立，被红棕色鳞片。叶一或二型，有柄；叶 1~2 回羽裂，厚纸质至革质，被小鳞片；叶脉分离或网状。孢子囊群为长或椭圆形汇生囊群，近主脉着生；囊群盖开向主脉。

15

顶芽狗脊
单芽狗脊、顶芽狗脊蕨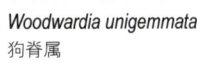
Woodwardia unigemmata
狗脊属

根状茎粗短横走，密被棕色鳞片。叶近生；叶柄禾秆色，基部被棕色鳞片；2 回深羽裂；羽片披针形，裂片三角形；上部羽片腋间生 1 芽胞。孢子囊群生于主脉两侧网眼上；囊群盖长肾形。

✿ 酸性土指示植物；常作地被植物。根茎清热解毒、治流感。

鳞毛蕨科   Dryopteridaceae

根状茎短而直立或斜生，被鳞片。茎与叶柄基部密被黑褐色鳞片。叶簇生或近生；叶片 1 至多回羽状，下被鳞片；叶缘具锯齿或芒刺；叶轴及羽轴下圆形隆起，多少被鳞片或鳞毛；叶脉分离或网状。孢子囊群圆形，顶生或背生于小脉上；囊群盖圆盾形。

16

贯众
Cyrtomium fortunei
贯众属

叶簇生；叶片阔披针形；羽片镰状披针形，基部上侧耳状凸起，全缘或有小齿；网状叶脉内藏小脉 1~2。孢子囊群生于小脉顶端。

✿ 根状茎药用，有清热解毒，止血，杀虫之效。

肾蕨科   Nephrolepidaceae

根状茎横走或直立，匍匐枝上生小块茎，均被鳞片。叶一形，簇生；叶片披针形，1 回羽状；无柄。孢子囊群圆形，近边缘着生，或背生于小脉顶端或中部。

17

肾蕨
Nephrolepis cordifolia
肾蕨属

根状茎直立，被棕色鳞片；块茎长圆形。1 回羽状复叶，丛生；羽片无柄，缘具钝锯齿。孢子囊群圆肾形，背生于小脉顶端。

✿ 作地被植物。块茎药食，清热利湿，宁肺止咳，软坚消积。

水龙骨科 Polypodiaceae

根状茎横走，被阔鳞片。叶一或二型；叶柄与根状茎有关节相连；单叶，全缘或羽状半裂至 1 回羽状或掌状分裂；网状脉。孢子囊群圆形或线形，或布满叶背，无囊群盖。

18

江南星蕨
Neolepisorus fortunei
盾蕨属

叶远生；叶柄禾秆色，有浅沟，近光滑；叶厚纸质，直立，带状披针形，侧脉不显。圆形孢子囊群在中脉两侧排成 1~2 行。

🌀 药用，具清热利湿、清血解毒之效。

19

卵叶盾蕨
Neolepisorus ovatus
盾蕨属

根状茎横走，密生卵状披针形鳞片。叶丛生；叶柄栗色；叶片厚纸质，卵状披针至矩圆形或近三角形，全缘或分裂；侧脉明显。圆形孢子囊群在侧脉两侧排成不规则的 1~2 行。

🌀 清热利湿，散瘀活血，止血；亦作地被植物观赏。

蘋科 Marsileaceae

沼生草本。根状茎细长横走。不育叶为线形单叶，或由 4 片倒三角形小叶组成，生于叶柄顶端；二叉脉序；能育叶变为球形孢子果，生于不育叶的叶柄基部或近叶柄基部的根状茎上。

20

蘋
苹、田字苹
Marsilea quadrifolia
蘋属

沼生草本。根状茎长而匍匐，二叉分枝，节上生不定根。不育叶具长柄，顶生 4 片十字排列的倒三角形小叶，漂浮或挺立；二叉脉序。孢子果长椭圆形；成熟后棕黑色，质硬。

🌀 全草入药，清热解毒，利水消肿；可作水域修复的先锋植物。

18   20

裸子植物

GYMNOSPERMAE

苏铁科　Cycadaceae

常绿木本。叶螺旋状排列；二型，鳞叶小，褐色，营养叶大，集生茎顶，羽状深裂，深绿色有光泽。孢子叶球（球花）顶生，雌雄异株；大孢子叶羽状分裂或盾状，胚珠生于大孢子叶柄两侧；小孢子叶鳞片状。种子核果状。

21

苏铁
铁树
Cycas revoluta
苏铁属

常绿木本。茎不分枝。羽状复叶向上微成 "V" 字形；小叶线形，宽 4~6 mm，先端锐尖，边缘向下反卷，中脉在上面平或稍隆，下面显著隆起并有毛。小孢子叶球圆柱形，黄色；大孢子叶球扁圆形，被黄褐色毛，羽状大孢子叶顶片扩大，顶端钻形。种子红色。

❀ 景观树，虽然生长缓慢，但 "铁树开花" 也并非千年，只要温度、湿度达到生长条件，十几到几十年便能如愿以偿，而且此后条件适宜可年年开花。叶、种子入药，有收敛止咳和止血之效。

22

篦齿苏铁
华南苏铁
Cycas pectinata
苏铁属

常绿木本。茎分枝或不分枝。羽状叶，先端常突然缩短或渐短，叶柄两侧有短刺；小叶长披针状条形，宽 5~10 mm，边缘平或微反曲，基部不对称，下侧下延生长，两面中脉微凹。大孢子叶顶片微扩大，披针形或菱形，边缘有短裂齿。国家Ⅰ级保护植物。

23

四川苏铁
Cycas szechuanensis
苏铁属

常绿木本。茎易分叉或分蘖。小叶条状披针形，微弯，宽 1~1.5 cm，边缘平或微卷，上部渐窄，基部不等宽、不对称，下延，中脉两面隆起。大孢子叶鸡爪状，顶裂片与侧裂片近等大，绿色。国家Ⅰ级保护植物。

24

攀枝花苏铁
Cycas panzhihuaensis
苏铁属

常绿木本。茎不分枝。叶柄两侧有平展短刺；小叶线形，硬革质，宽 4~7 mm，先端渐尖，边缘不反卷，中脉在上面微隆，在下面显著隆起，无毛。大孢子叶被黄褐至锈褐色绒毛。

❀ 我国特有。国家Ⅰ级保护植物。

银杏科　Ginkgoaceae

落叶乔木。叶扇形，先端 2 裂或波状缺刻，叶脉二叉；在长枝上互生、短枝上簇生。雌雄异株；小孢子叶球葇荑花序状；大孢子叶球具 2 个杯状大孢子叶，各有胚珠 1。种子核果状。

25

银杏
鸭掌树、公孙树
Ginkgo biloba
银杏属

落叶乔木。叶扇形。雄球花葇荑花序状，生于短枝顶；雌球花有 1 长柄，柄端有 2 个环形大孢子叶，各生 1 胚珠。种子核果状，具长梗，外种皮肉质，中种皮骨质，内种皮膜质。

❀ 我国特有的孑遗植物，传统名材，国家Ⅰ级保护植物，有 "活化石" 之称。树姿雄伟壮丽，叶形奇特，秋叶金黄，寿命长，常作庭荫树、行道树或盆景观赏。种子（白果）可药食（多食易中毒），有润肺、止咳和强壮功效；叶含银杏内酯，用于治疗心脑血管疾病。

南洋杉科　Araucariaceae

常绿乔木，有树脂。叶互生或交叉对生，基部下延。雌雄异株；雄球花圆柱形；雌球花近球形，由多数螺旋状着生的苞鳞组成；苞鳞较珠鳞发达，腹面具胚珠1。球果熟时苞鳞木质或厚革质；种子扁平。

26

异叶南洋杉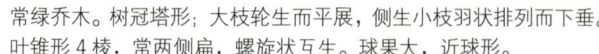
Araucaria heterophylla
南洋杉属

常绿乔木。树冠塔形；大枝轮生而平展，侧生小枝羽状排列而下垂。叶锥形4棱，常两侧扁，螺旋状互生。球果大，近球形。

✿ 本种和南洋杉（*A. cunninghamii*）区别在于后者大枝向上斜生，小枝密生，小叶尖而扎手。二者均为著名观赏树种。

松科　Pinaceae

常乔木，有树脂。叶针形或线形，互生或簇生；针叶2~5针一束，基部有叶鞘。球花单性同株；孢子叶螺旋状排列；每个小孢子叶具花粉囊2，花粉有气囊；雌球花由珠鳞与苞鳞组成，二者分离，珠鳞具胚珠2。球果直立或下垂，种鳞木质或革质；种子常有翅。

27

雪松
Cedrus deodara
雪松属

常绿乔木。树冠尖塔形；大枝平展，小枝稍下垂。叶针形，坚硬，灰绿色，在长枝上互生，在短枝上簇生。雌雄异株；球花单生短枝顶，直立。球果椭圆状卵形，熟时种鳞与种子脱落。

✿ 树形优美，终年苍翠，是世界五大庭院树种（雪松、金钱松、金松、南洋杉、巨杉）之一。

28

日本五针松
Pinus parviflora
松属

常绿乔木。枝平展，小枝有毛。针叶5针一束，细而短，径不及1 mm，因有明显的白色气孔线而呈蓝绿色，稍弯曲。球果卵圆形或卵状椭圆形，几无梗。种子倒卵形，种翅与种子近等长。

✿ 生长慢，枝密叶短，常作盆景或用于假山、岩石园绿化。

29

马尾松
Pinus massoniana
松属

常绿乔木。树冠宽塔形或伞形；树皮红褐色，不规则块裂。针叶2针一束，质软，长10~20 cm，下垂，针叶丛在枝上形似马尾。雄球花淡红褐色，圆柱形，弯垂；雌球花单生或2~4个聚生于新枝近顶端，淡紫红色。球果卵圆形，有短梗，鳞脐微凹，无刺。

✿ 生长较快，是重要的材用、造林和树脂植物。

30

欧洲黑松
Pinus nigra
松属

常绿乔木。树皮灰黑色；二年生枝上针叶基部的鳞叶逐渐脱落；芽褐色。针叶2针一束，长8~18 cm，质硬。球果熟时黄褐色，卵圆形；种鳞鳞盾先端圆，横脊强隆起，鳞脐有短刺。

✿ 适应性强，材用、造林、园林绿化和庭院造景树。

26

27

28

29

30

杉科 Taxodiaceae

乔木。叶披针形、钻形、鳞状或条形，叶及孢子叶常螺旋状排列。球花单性同株；雄球花小，单生或簇生枝顶，或排成总状或圆锥花序状，小孢子叶具花粉囊2~9个，无气囊；雌球花顶生，珠鳞与苞鳞基部半合生，珠鳞具2~9枚胚珠。成熟种鳞（或苞鳞）木质或革质；种子有窄翅。

31

柳杉
Cryptomeria japonica
var. sinensis
柳杉属

常绿乔木。树皮红棕色，条状纵裂；小枝细长下垂。叶钻形，先端内弯。雄球花矩圆形，集生小枝上部；雌球花近球形，单生。球果种鳞约20片，种鳞上部裂齿长2~4 mm，每种鳞有种子2粒。

🌼 我国特有，作材用、绿化和观赏树。药用有解毒杀虫止痒之效。

☛ 本种和日本柳杉（*C. japonica*）区别在于后者叶直伸，微或不内曲；种鳞20~30片，裂齿长6~7 mm，每种鳞有种子2~5粒。

32

水杉
Metasequoia glyptostroboides
水杉属

落叶乔木。树皮裂成条片状脱落；大枝近轮生，小枝对生。条形叶交互对生，在小枝上羽状2列，无柄。大小孢子叶均交互对生。球果近球形，有长柄，下垂；种鳞盾形，能育种鳞有5~9粒种子。

🌼 我国特有的珍稀孑遗、Ⅰ级保护植物，有"活化石"之称。

柏科 Cupressaceae

常绿木本。叶鳞形或刺形，对生或轮生。球花单性同株或异株。小孢子叶交互对生，小孢子叶有花粉囊多于2个，花粉无气囊；珠鳞交互对生或轮生，胚珠1至多枚，苞鳞与珠鳞完全合生。成熟种鳞木质或肉质。种子两侧具窄翅或无翅。

33

柏木
柏树、垂丝柏、
香扁柏
Cupressus funebris
柏木属

常绿乔木。树皮灰褐色，条片状纵裂；小枝4棱，细长下垂，排成平面。叶鳞形，交互对生，顶端尖。孢子叶球单生枝顶，单性同株。木质种鳞4对，开裂，顶部中央有凸尖。种子具窄翅。

🌼 我国特有。苍松翠柏以"岁寒，然后知松柏之后凋也"的坚韧品质和万古长青的象征，成为我国传统名树。全株可提挥发油；球果治风寒感冒、胃痛，根治跌打损伤，叶治烫伤。

34

圆柏
桧柏、文武柏
Juniperus chinensis
刺柏属

常绿乔木。树皮深灰色，条片状纵裂。叶二型，幼枝叶刺形，3叶轮生；老枝叶鳞形，交互对生。雌雄异株。球果熟时种鳞肉质愈合，翌年成熟，不张开，褐色有白粉。种子无翅。

🌼 观赏树或作绿篱；枝叶入药，祛风散寒，活血消肿；全株可提挥发油。

35

龙柏
Juniperus chinensis
'Kaizuca'
刺柏属

圆柏栽培品种。常绿小乔木。树冠圆柱状或柱状塔形；侧枝向上直展；小枝密、枝端近等长。鳞叶排列紧密，几无刺形叶。

🌼 侧枝绕主干有扭转上升之势，如龙舞空，作绿化树和观赏树。

31

32

33

34

35

36

刺柏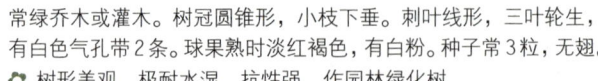
Juniperus formosana
刺柏属

常绿乔木或灌木。树冠圆锥形，小枝下垂。刺叶线形，三叶轮生，有白色气孔带 2 条。球果熟时淡红褐色，有白粉。种子常 3 粒，无翅。
✿ 树形美观，极耐水湿，抗性强，作园林绿化树。

37

侧柏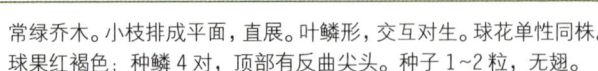
Platycladus orientalis
侧柏属

常绿乔木。小枝排成平面，直展。叶鳞形，交互对生。球花单性同株。球果红褐色；种鳞 4 对，顶部有反曲尖头。种子 1~2 粒，无翅。
✿ 我国特有。寿命长，庭院、寺庙和风景区习见，是重要的观赏树和经济用材。枝叶能收敛止血；种子有滋补强壮、安神、润肠之效。

38

金枝千头柏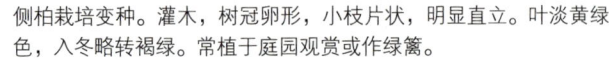
Platycladus orientalis
'Aureus Nanus'

侧柏栽培变种。灌木，树冠卵形，小枝片状，明显直立。叶淡黄绿色，入冬略转褐绿。常植于庭园观赏或作绿篱。

罗汉松科　Podocarpaceae

木本。叶条形、拔针形等。孢子叶球单性异株；小孢子叶球穗状，每个小孢子叶具花粉囊 2 个，有气囊；大孢子叶球单生叶腋或苞腋，具苞片多枚，最上有 1 枚套被（大孢子叶），内生胚珠 1 枚。花后套被肉质化成假种皮，苞片发育成肉质种托。种子核果或坚果状，为肉质假种皮所包。

39

竹柏
Nageia nagi
竹柏属

常绿乔木。叶对生，椭圆状披针形，2 列，厚革质，无中脉。雄球花穗状圆柱形；雌球花苞片不成肉质种托。假种皮暗紫色。
✿ 枝叶翠绿，为暖地耐阴观叶植物；种子油供食用及工业用。

40

罗汉松
Podocarpus macrophyllus
罗汉松属

常绿乔木。叶螺旋状互生，条状披针形，全缘，具短柄。雌雄异株；雄球花穗状，常簇生叶腋；雌球花有梗。种子核果状，假种皮紫黑色，生于紫红色肉质膨大的种托上。
✿ 因种子全形如披着袈裟的罗汉而得名，常作盆景或观赏树。

红豆杉科　Taxaceae

木本。叶披针形或条形，互生或近对生，排成二列；叶背中脉凸起，两侧各具 1 条气孔带。单性异株；小孢子叶球单生，小孢子叶有花粉囊 4~9 个，无气囊；大孢子叶球单生或 2~3 对组成球序，具苞片多数，大孢子叶（珠托）含胚珠 1 枚。种子核果或坚果状，包于假种皮中。

41

红豆杉
Taxus wallichiana
var. *chinensis*
红豆杉属

常绿乔木。叶条形，互生，基部扭转成 2 列，边缘微反曲，背面气孔带灰绿色。球花单生叶腋；基部具盘状或漏斗状珠托。种子核果状，包于珠托发育来的红色肉质杯状假种皮中。
✿ 我国特有的孑遗植物，国家 I 级保护植物。生长慢，木材水湿不腐，为优良用材及观赏树种。枝叶及树皮含紫杉醇，可抗癌或治糖尿病。

36

37

38

39

40

41

三白草科 Saururaceae

草本。单叶互生，心状卵形；托叶贴生于叶柄。花两性，聚集成穗状或总状花序，苞片显著；无花被；雄蕊 3~8；子房上位，心皮 3~4，离生或合生成 1 室。蓇葖果或蒴果。

42

蕺菜
鱼腥草、侧耳根
Houttuynia cordata
蕺菜属

多年生腥臭草本。单叶互生，心形或宽卵形，长 4~10 cm，下面常紫色；托叶膜质，条形，基部鞘状。穗状花序顶生，与叶对生，基部有白色瓣状总苞 4；花小，无花被；雄蕊 3；心皮 3。蒴果。

✿ 全草入药，散热解毒，消痈肿；幼嫩茎作疏菜。

43

三白草
Saururus chinensis
三白草属

多年生草本。叶卵形，长 10~20 cm，花序下常呈白色。总状花序顶生，无总苞片；花小；雄蕊 6；心皮 4。果实裂为 4 个分果。

✿ 茎花入药，内服治尿路感染、尿路结石，外敷治痈疮疖肿等。

金粟兰科 Chloranthaceae

草本或灌木。单叶对生；托叶小。花小，两性或单性，成穗状、头状或圆锥花序；无花被或在雌花中有浅杯状花被（萼）；雄蕊 1~3，合生成一体；子房下位，心皮 1。核果。

44

金粟兰
珠兰、米子兰
Chloranthus spicatus
金粟兰属

半灌木。茎分枝。叶对生，倒卵状椭圆形，长 5~11 cm，缘有钝齿。穗状花序顶生，成圆锥花序式；花小，两性，无花被，黄绿色，极香；苞片近三角形；雄蕊 3，基部合成一体，中间 1 个卵形，较大，长 1 mm；子房倒卵形。

✿ 观赏或提取芳香油；鲜花极香，掺入茶叶，称珠兰茶。

45

宽叶金粟兰
银线草、四块瓦
Chloranthus henryi
金粟兰属

多年生草本。茎常不分枝。叶 4 片集生茎顶，对生，宽椭圆形、倒卵形至卵状椭圆形，长 9~18 cm，缘有锯齿。穗状花序顶生，成圆锥花序式；苞片宽卵状三角形；花两性，无花被；雄蕊 3，条形，基部合成一体，中间 1 个较长，约 3 mm；子房卵形。

✿ 全草入药，能镇痛、解毒、消肿，主治毒蛇咬伤。

杨柳科 Salicaceae

木本。单叶互生；有托叶。花单性异株，无花被；葇荑花序常先叶开放；每花有一膜质苞片及花盘或蜜腺；雄蕊 2 至多数；子房上位，心皮 2，1 室。蒴果。种子小，具丝状毛。

46

加杨
加拿大杨、欧美杨
Populus × *canadensis*
杨属

落叶乔木。树皮纵裂。叶近三角形，长 6~10 cm，基部截形，缘有钝齿；叶柄扁而长。花序下垂，苞片先端分裂；有杯状花盘；雄蕊 15~25，苞缘细裂；雌花序柱头 4 裂。果序长达 27 cm，蒴果卵圆形，先端锐尖。

✿ 杂交种，生长迅速，材用或作行道树及防护林。

42

43

44

46

45

47

垂柳（柳树）
Salix babylonica
柳属

咏柳·贺知章（唐）
碧玉妆成一树高，
万条垂下绿丝绦。
不知细叶谁裁出，
二月春风似剪刀。

落叶乔木。枝条细长下垂。叶互生，狭披针形，长9~16 cm，具细齿。花序直立，苞片披针形，全缘；雄花雄蕊2；雌花腺体1。蒴果2裂。

✿ 我国传统名树，常植于池畔湖边，呈现"杨柳依依"的婀娜风姿。柳是春天的使者，历代诗人咏柳颂柳："一树春风千万枝，嫩于金色软于丝""依依袅袅复青青，勾引春光无限情""梨花院落溶溶月，柳絮池塘淡淡风"。柳谐音"留"，古人"折柳"以示"挽留"，将离愁惜别之情融入柳文化中。

48

龙爪柳
Salix matsudana f. tortuosa
柳属

落叶乔木；枝条扭曲。叶互生，狭披针形，缘有细齿；叶背粉绿；全叶呈波状弯曲。为旱柳变型。

✿ 作观赏树，但长势较弱，易衰老。

胡桃科 Juglandaceae

落叶乔木。羽状复叶，互生。花单性同株；单被花；雄柔荑花序下垂；雄蕊3至多数；雌花单生或为直立穗状花序，花被4裂；子房下位，1~4室；花柱2，羽毛状。核果或坚果。

49

胡桃
核桃
Juglans regia
胡桃属

落叶乔木。奇数羽状复叶，小叶5~9，卵圆或椭圆形，长6~15 cm，全缘或波状。雄荑黄花序下垂；雌花单生或2~3个簇生，直立。核果球形，外果皮肉质不开裂，内果皮骨质，凹凸或皱折。

✿ 木本油料和材用植物；种仁药用，为强壮剂，治气管炎等症。

50

枫杨
麻柳
Pterocarya stenoptera
枫杨属

落叶乔木。偶数羽状复叶，叶轴有翅；小叶10~16，长椭圆形，长8~12 cm，缘有细齿。雄荑黄花序单生叶腋；雌荑夷花序顶生，俯垂。总状果序下垂。坚果具2长翅。花期4~5月，果期8~9月。

✿ 材用；药用，能祛风止痛；园林作行道树及固堤护岸树种。

榆科 Ulmaceae

木本。单叶互生，缘有锯齿，基部偏斜，叶脉羽状或三出；托叶早落。花小，雌雄同株；单被花，萼片4~8裂；雄蕊与对萼；子房上位，心皮2，1室。翅果、坚果或核果。

51

朴树
Celtis sinensis
朴属

落叶乔木。叶革质，卵形至卵状椭圆形，长2.5~10 cm，基部稍偏斜，先端尖至渐尖，有浅锯齿，三出脉。花1~3朵腋生；花被片4。核果球形，径5~7 mm，黄红色；单生或2（3）个。

✿ 寿命长，枝干强韧，作庭荫树或防风树，亦作盆景材料。

52

四蕊朴
Celtis tetrandra
朴属

与朴树的主要区别在于：叶厚革质，卵状椭圆形，带菱形，基部明显偏斜，先端渐尖至短尾状渐尖。果腋生，常2~3，少单生；径7~8 mm。

53

榆树
白榆、家榆
Ulmus pumila
榆属

落叶乔木。树皮纵裂；小枝灰色细长，常排成 2 列。叶卵状椭圆形，长 2~8 cm，边缘单锯齿，羽状脉，基部不对称。花先叶开放，簇生叶腋。翅果近圆形，淡绿色至白黄色。花果期 3~5 月。

✿ 作行道树和庭荫树。嫩果即"榆钱"，药食；果、叶能安神。

桑科　Moraceae

　　木本，常有乳汁。单叶互生；有托叶。花小，单性，同株或异株，排成柔荑、穗状、头状或隐头花序；单被花，花萼 4 裂；雄蕊对萼；子房上位，心皮 2，1 室。聚花果。

54

构树
楮
Broussonetia papyrifera
构属

落叶乔木。小枝及叶被粗毛。单叶互生，广卵形或长椭圆形，长 7~20 cm，时有深裂，缘有粗齿，三出脉。雌雄异株；雄花序柔荑状下垂；雌花序头状。聚花果球形，熟时肉质红色。果熟期 8~9 月。

✿ 绿化树种；果（楮实子）及根皮入药，补肾利尿，强筋骨。

55

无花果
Ficus carica
榕属

落叶小乔木或灌木。小枝有托叶痕。单叶互生，厚纸质，广卵形，长 10~20 cm，3~5 掌裂，缘有钝齿，上面粗糙，下面有柔毛。隐头花序单生叶腋；花单性，雄花、瘿花、雌花生于同一花序内。隐花果梨形，熟时紫红色或黄色。果熟期 7~9 月。

✿ 果可生食、制酒或作果干；并有清热润肠药效；根叶能消肿解毒。

56

印度榕
橡皮树
Ficus elastica
榕属

常绿乔木。全株无毛。单叶互生，厚革质，有光泽，长椭圆形，长 8~30 cm，全缘；羽状侧脉多而细，平行且直伸；托叶大，淡红色。隐花果成对着生于叶腋，矩圆形，无梗，成熟时黄色；花单性，雄花、雌花、瘿花同生于一榕果内。

✿ 乳汁为橡胶原料；常作盆栽观叶植物或观赏树。

57

菱叶冠毛榕
Ficus gasparriniana
var. *laceratifolia*
榕属

灌木。单叶互生，倒卵形，长 6~10 cm，厚纸质至亚革质，叶背白绿色，微被柔毛或近无毛，叶中上部具齿裂；叶柄被柔毛。隐花果成对或单生叶腋，具柔毛柄。瘦果卵球形，光滑。

✿ 作绿篱或灌丛。

58

异叶榕
Ficus heteromorpha
榕属

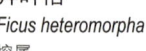

落叶灌木或小乔木。小枝光滑，节短。单叶互生，具红色叶柄和侧脉；叶形变化大，琴形、椭圆形、椭圆状披针形，长 7~18 cm，先端渐尖或尾状，基部圆形或浅心形，上面粗糙，下面有钟乳体，全缘或微波状。隐花果成对生叶腋，无总梗，近球形，红色，光滑。

✿ 茎皮纤维供造纸；榕果成熟可食或作果酱。

59

榕树
小叶榕
Ficus microcarpa
榕属

常绿乔木。具须状气生根。单叶互生，革质，椭圆形至倒卵形，长 4~10 cm，先端钝尖，全缘。隐花果成对腋生，熟时黄红色，扁球形，无总梗。雄花、雌花、瘿花同于一榕果内。瘦果卵圆形。
❀ 作行道树、庭荫树或盆景观赏。气生根、叶芽等有清热解毒之效。

60

地果
地瓜
Ficus tikoua
榕属

常绿匍匐藤本。单叶互生，坚纸质，倒卵状椭圆形，长 1.6~6 cm，先端急尖，基部圆形至浅心形，具波状疏锯齿，粗糙。雌雄异株。隐花果生匍匐茎上，埋于土中，近球形，有狭柄，熟时深红色。
❀ 根治虚、补骨，叶能止泻；果可食。作地被和垂直绿化材料。

61

黄葛树
黄桷树、大叶榕
Ficus virens
榕属

落叶或半落叶乔木。单叶互生，坚纸质，卵状长椭圆形，长 8~16 cm，全缘；托叶长带形。花单性，雄花、雌花、瘿花同生于一榕果内。隐花果生于叶腋，球形，熟时紫红色。
❀ 生长快，抗污染，冠大荫浓，宜作庭荫树、孤赏树。

62

葎草
Humulus scandens
葎草属

蔓性缠绕草本。茎、叶柄具倒钩刺。单叶对生，近肾状五角形，径 7~10 cm，掌状 5（3~7）深裂，基部心形，上面粗糙，下面有柔毛，有锯齿。花单性异株；雄花小，黄绿色，成圆锥花序；雌花与苞片集成穗状，下垂。瘦果扁圆形。

63

桑
桑树
Morus alba
桑属

落叶乔木或灌木。单叶互生，卵形或广卵形，长 5~15 cm，锯齿粗钝，上面鲜绿光亮，下面脉及脉腋有毛。柔荑花序；单性异株；雌花无梗。瘦果包于肉质花萼内，形成聚花果（桑葚），红或暗紫色。果熟期 5~7 月。
❀ 古时宅前屋后有种植桑树和梓树的传统，后人就以"桑梓"指代家乡。叶饲蚕，果药食，清肺热、祛风湿、补肝肾。

荨麻科　Urticaceae
　　草本或灌木。表皮细胞有钟乳体；茎皮纤维丰富；茎叶常有刺毛。单叶互生或对生；有托叶。花小，常单性，同株或异株，聚伞花序，常密集成头状；单被花；雄花被 4~5 裂；雄蕊与花被片同数对生；雌花被 2~5 裂，心皮 1。瘦果或核果。

64

野线麻
大叶苎麻、长穗苎麻
Boehmeria japonica
苎麻属

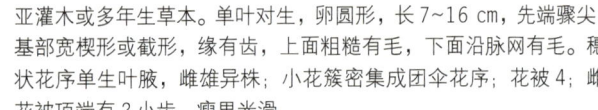

亚灌木或多年生草本。单叶对生，卵圆形，长 7~16 cm，先端骤尖，基部宽楔形或截形，缘有齿，上面粗糙有毛，下面沿脉网有毛。穗状花序单生叶腋，雌雄异株；小花簇密成团伞花序；花被 4；雌花被顶端有 2 小齿。瘦果光滑。
❀ 茎皮纤维是纺织、造纸原料；叶能清热解毒、消肿，治疮疖。

59

60

61

62

63

64

65

水麻
Debregeasia orientalis
水麻属

落叶灌木。小枝纤细，暗红色，被毛。单叶互生，披针形或狭披针形，长 4~16 cm，缘有细锯齿，上面粗糙，下面密生白绒毛。雌雄异株，花生老枝叶腋，短梗常二叉；枝顶生一球状花簇；花被片 4。果序球形，熟时橙黄色。

✿ 果可食；根叶具祛风湿、止血止咳之效；亦植于水边观赏。

66

蝎子草
火麻
Girardinia diversifolia subsp.
suborbiculata
蝎子草属

草本。茎疏生蜇毛。单叶互生，宽卵形，长 4.5~16 cm，基部近截形，边缘具缺刻状大牙齿，两面被短伏毛，基出脉 3 条。叶柄带红色。雌雄同株，花序比叶短；雄花花被 4；雌花花被 2。瘦果宽卵形。

✿ 茎皮纤维可制绳索或供纺织用。

67

糯米团
糯米条
Gonostegia hirta
糯米团属

多年生草本。茎蔓生或渐升，上部四棱形，有毛。单叶对生，披针形至卵形，长 1.2~10 cm，先端长渐尖至短渐尖，基部浅心形或圆形，全缘，上面粗糙，基出脉 3~5 条。团伞花序腋生，常两性，有时单性则雌雄异株；花被片 5。瘦果卵球形。

✿ 全草药用，清热解毒，外敷治疮肿等。

68

花叶冷水花
花叶荨麻
Pilea cadierei
冷水花属

多年生草本。茎肉质。单叶对生，椭圆形，长 2.5~6 cm，基部圆或楔形，边缘有钝齿，上面深绿色，中央有 2 条间断的白斑，基出脉 3。雌雄异株；花小，白色，花被片 4。

✿ 叶翠绿光润，有白色花斑，清新秀丽，常作地被和观叶植物。入药，有清热利湿，消肿散结的功效。

69

山冷水花
Pilea japonica
冷水花属

草本。茎肉质无毛，多分枝。单叶对生，同对叶不等大，卵形或菱状卵形，长 1~6 cm，先端锐尖至短尾尖，基部楔形至近截形，边缘上部有钝齿，上面有毛，两面散生棒状钟乳体，基出脉 3。雌雄同株；花小；花被片 5。

✿ 全草入药，有清热解毒，渗湿利尿之效。

70

雾水葛
Pouzolzia zeylanica
雾水葛属

多年生草本。茎直立，被短伏毛。单叶对生，卵形或宽卵形，长 1.2~3.8 cm，顶端渐尖，基部圆形，全缘，两面被疏伏毛，侧脉 1 对。团伞花序腋生，常两性，苞片三角形；花被片 4。瘦果，有光泽。

✿ 全草药用，治痢疾、肠炎等症。

71

毛花点草
Nanocnide lobata
花点草属

多年生草本。茎铺散，被下弯微硬毛。单叶互生，菱状卵形至近三角形，长 0.7~2.5 cm，缘具粗圆齿，有毛，上面有钟乳体，基出脉 3~5。花序生于茎上部叶腋；花被片 4~5。瘦果具疣点。

72

荨麻
火麻
Urtica fissa
荨麻属

多年生草本。茎 4 棱；茎叶密生刺毛或柔毛。单叶对生，宽卵形或近五角形，长 5~15 cm，基部圆形或浅心形，5~7 掌状浅裂或 3 深裂，裂片三角形，有不规则锯齿，沿脉生螯毛。雌雄同株；雄花序生上部叶腋，雌花序生下部叶腋；花被片 4。
✿ 茎皮纤维供纺织；全草入药，有祛风除湿和止咳之效。

山龙眼科　Proteaceae

木本。叶互生。花两性或单性，4 数；单被，花被花冠状，花蕾时管状；雄蕊着生花被片上；子房上位，心皮 1。蓇葖果、坚果、核果或蒴果。

73

银桦
Grevillea robusta
银桦属

常绿乔木。嫩枝被锈毛。叶互生，长 15~30 cm，2 回羽状深裂，裂片披针形，边缘反卷，背面被银灰色丝毛。总状花序；花两性，单被；萼片 4，橙黄色。蓇葖果，细长花柱宿存。花果期 4~7 月。
✿ 树干端直，橙黄色花点缀枝头，宜作行道树或独赏树。花和果实可药食，有祛痰止咳，清热解毒之效。

桑寄生科　Loranthaceae

半寄生灌木。叶对生，全缘，或鳞片状。花两性或单性，各式排列；花被片 3~8，萼状或花瓣状，分离或合生成管；雄蕊与花被片同数对生；子房下位，心皮 3~6，1 室。浆果。

74

毛叶钝果寄生
Taxillus nigrans
钝果寄生属

灌木。嫩枝叶和花密被黄褐色毛。单叶对生或互生，革质，长椭圆形或长卵形，长 6~10 cm。总状花序簇生叶腋呈伞形；花红黄色；管状花冠裂片 4，反折。果椭圆形，淡黄色。花期 7-11 月。
✿ 寄生于悬铃木、木兰等植物上。入药，祛风除湿、安胎下乳。

马兜铃科　Aristolochiaceae

草本或藤本。单叶互生，常心形。花单生，两性，辐射或两侧对称；单被花，花瓣状或管状，3 裂或向一侧延长，色艳丽而有臭味；雄蕊 6 至多数；子房下位，4~6 室。蒴果。

75

马兜铃
Aristolochia debilis
马兜铃属

多年生攀缘草本。单叶互生，三角状矩圆形至卵状披针形，长 3~6 cm，先端钝或短渐尖，基部心形具圆耳片。花单生叶腋，喇叭状，基部球状，上端扩大成侧片，暗紫色。蒴果近球形。
✿ 果称马兜铃，茎为天仙藤，根称青木香，均入药，分别具清肺镇咳化痰、疏风活血和解毒、理气止痛之效。

71

72

73

74

75

76

青城细辛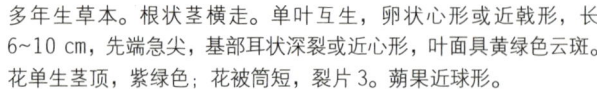
花脸细辛、花叶细辛
Asarum splendens
细辛属

多年生草本。根状茎横走。单叶互生，卵状心形或近戟形，长6~10 cm，先端急尖，基部耳状深裂或近心形，叶面具黄绿色云斑。花单生茎顶，紫绿色；花被筒短，裂片3。蒴果近球形。
✿ 根入药同"细辛"，具散风驱寒、开窍之效；亦作观叶地被植物。

蓼科　Polygonaceae

草本。节膨大。单叶互生，全缘；具膜质托叶鞘。花常两性；单被花，花被片5稀3~6，花瓣状，宿存；雄蕊常8；雌蕊常3，子房上位，心皮3，1室。瘦果3棱形或双凸镜状。

77

金线草
Antenoron filiforme
金线草属

多年生草本。根状茎粗壮。茎、叶具糙伏毛。单叶互生，椭圆或长椭圆形，长6~15 cm；托叶鞘具短缘毛。总状花序呈穗状，花排列稀疏；花被4深裂，红色，花被片卵形。瘦果双凸镜状。
✿ 全草入药，有祛风除湿，祛瘀止痛之效。

78

金荞麦
Fagopyrum dibotrys
荞麦属

多年生草本。根状茎木质化。单叶互生，三角形，长4~12 cm，基部近戟形，两面具乳头状凸起或被柔毛；托叶鞘长5~10 mm，顶端截形。花序伞房状；花被5深裂，白色，花被片长椭圆形；雄蕊8；花柱3。瘦果宽卵形，具3锐棱。
✿ 块根入药，具清热解毒、排脓祛瘀之效；种子可食。国家Ⅱ级保护植物。

79

何首乌
夜交藤
Fallopia multiflora
何首乌属

多年生缠绕藤本。单叶互生，卵形或心形，长4~8 cm，全缘；托叶鞘褐色。圆锥花序；花小，花被5深裂，白色或淡绿色；花柱3。瘦果三棱形，黑褐色，光亮，包于翅状花被内。
✿ 块根称首乌，藤称夜交藤，均入药有安神养血活络之效。

80

竹节蓼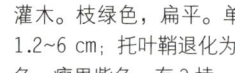
扁竹蓼、扁茎蓼
Homalocladium platycladum
竹节蓼属

灌木。枝绿色，扁平。单叶互生，菱状披针形，有时极退化，长1.2~6 cm；托叶鞘退化为横线条状。花小，簇生节上，淡红带绿白色。瘦果紫色，有3棱，平滑，包藏于肉质花被内。
✿ 不耐寒，较耐阴，栽培观赏。

81

杠板归
贯叶蓼、蛇倒退
Polygonum perfoliatum
蓼属

蔓生草本。疏生倒钩刺。单叶互生，三角形，长4~6 cm，盾状着生；托叶圆形包茎，绿色。总状花序呈短穗状；花被5深裂，白色或淡红色，果时增大，肉质，深蓝色；花柱3。瘦果球形，黑色，有光泽。
✿ 茎叶入药，有清热止咳、散瘀解毒、止痒之效。

82

尼泊尔蓼
Polygonum nepalense
蓼属

一年生草本。茎细弱。单叶互生，卵形或三角状卵形，长 3~5 cm，基部截形或圆形，沿叶柄下延呈翅状或耳垂形；叶柄从茎下端至上渐无；膜质托叶鞘淡褐色。头状花序；花白色或淡红色，密集；花被 4 深裂；花柱 2。瘦果圆形，双凸镜状。

83

赤胫散
Polygonum runcinatum
var. sinense
蓼属

多年生草本。具根状茎。单叶互生，卵形或三角状卵形，长 5~8 cm，基部常有 1 对小裂片；下部叶柄具狭翅，基部有耳；膜质托叶鞘顶端截形，具缘毛。头状花序集成圆锥状；花被 5 深裂，淡红色或白色。瘦果卵形，具 3 棱。

♻ 根状茎及全草入药，清热解毒、活血止血。

84

长鬃蓼
Polygonum longisetum
蓼属

一年生草本。叶披针形，长 5~13 cm，上面无毛，中间常有黑斑，下面沿脉有短伏毛；托叶鞘顶端有长缘毛。花序穗状，细弱，下部间断；花被 5 深裂，淡红或紫红色，无腺点。瘦果有光泽。

☞ 与水蓼（*P. hydropiper*）区别在于后者叶长 4~7 cm，有辛辣味；托叶鞘顶端有短缘毛；花淡红或绿白色，有腺点；瘦果无光泽。

85

红蓼
东方蓼、水红花
Polygonum orientale
蓼属

一年生草本。茎叶有毛。单叶互生，卵形或宽卵形，长 10~20 cm，基部近圆形。托叶鞘具缘毛；有长柄。总状花序穗状；粉红色；花被 5 深裂；雄蕊 7；花柱 2。瘦果扁圆形。

♻ 株形美观，花期长，可栽植观赏；全草入药，有清热化痰、活血解毒和明目之效；果可酿酒。

86

虎杖
Reynoutria japonica
虎杖属

多年生草本。茎中空，散生紫红色斑点。单叶互生，宽卵形或卵状椭圆形，长 6~12 cm，近革质；托叶鞘顶端截形，常破裂。花单性异株；圆锥花序腋生；花被 5 深裂，淡绿色。瘦果卵形，具 3 棱。

♻ 根状茎药用，有活血散瘀、祛风解毒、收敛、利尿之效。

87

皱叶酸模
土大黄
Rumex crispus
酸模属

多年生草本。茎不分枝。单叶互生，披针形或矩圆状披针形，先端急尖，基部楔形，边缘微波状，两面无毛。狭长圆锥状花序；花被片 6，2 轮，内轮花被片果时增大，宽卵形，边缘近全缘；雄蕊 6。瘦果椭圆形，有 3 棱，褐色，有光泽。

♻ 根、叶含鞣质，可提制栲胶。根入药，有清热通便、杀虫之效。

88

齿果酸模
Rumex dentatus
酸模属

一年生草本。茎多分枝。单叶互生，矩圆形或宽披针形，长 4~8 cm，先端圆钝，基部圆形。花序总状，多花轮生，常有叶；花黄绿色；花被片 6，2 轮，内花被片果时增大，三角状卵形，边缘每侧有刺状齿 2~4；雄蕊 6。瘦果卵形，有 3 锐棱，褐色，光亮。

89

羊蹄
Rumex japonicus
酸模属

多年生草本。茎不分枝。单叶互生，长椭圆形或卵状矩圆形，长 10~25 cm，先端钝，基部心形，边缘微波状。圆锥状花序狭长，多花轮生；花被片 6，2 轮，内轮花被片果时增大，卵状心形，先端急尖，边缘有不整齐牙齿；雄蕊 6。瘦果宽卵形，有 3 棱，黑褐色，光亮。

藜科　Chenopodiaceae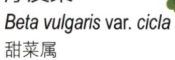

草本。常有粉状或皮屑状物。单叶互生。花小，两性或单性同株，辐射对称，簇生成穗状或再组成圆锥花序；单被，花萼 3~5 裂，花后增大宿存；雄蕊对萼；子房上位，1 室。胞果。

90

厚皮菜
Beta vulgaris var. *cicla*
甜菜属

甜菜变种。二年生草本。基生叶长椭圆状卵形或卵形，长 30~40 cm，全缘至波状；叶柄及叶脉明显而色白。花小，两性，绿色；花被 5 裂。叶供蔬菜用。

91

藜
灰菜
Chenopodium album
藜属

一年生草本。茎有棱或红、绿色条。叶片菱状卵形至宽披针形，长 3~6 cm，先端急尖或微钝，基部楔形至宽楔形，下面多少有粉，缘具粗齿。花两性，簇生枝上部排成圆锥花序状；花被裂片 5。
🌿 全草入药，能止泻痢，止痒；嫩叶可食。

92

小藜
Chenopodium ficifolium
藜属

一年生草本。茎具条棱及绿色条。叶片卵状矩圆形，常 3 浅裂；中裂片两边近平行，缘具深波状牙齿；侧裂片位于中部以下，常各具 2 浅裂齿。团伞花序排成圆锥花序状；花两性，花被 5。

苋科　Amaranthaceae

草本。单叶对生或互生，全缘。花小，常两性，簇生于叶腋或顶生，排成穗状、头状、总状或圆锥状的聚伞花序；单被花；苞片干膜质；萼片 3~5，干膜质；雄蕊对萼，常 5；子房上位，心皮 2~3，1 室。蒴果或胞果。

93

土牛膝
Achyranthes aspera
牛膝属

多年生草本。茎具 4 棱，节稍膨大，分枝对生，有柔毛。单叶对生，倒卵形或长椭圆形，长 1.5~7 cm，先端锐尖或稍钝，两面有柔毛。穗状花序顶生；总花梗有柔毛，花后伸长，花向下反折近花序轴；花被片 5。胞果。
🌿 根入药，强筋骨，治跌打损伤。

94

喜旱莲子草
空心莲子菜、水花生
Alternanthera philoxeroides
莲子草属

多年生草本。茎基部匍匐，上部直立，中空。单叶对生，矩圆形至倒卵状披针形，长 2.5~5 cm，先端短尖，基部渐狭。头状花序单生叶腋，具总花梗；苞片干膜质，宿存；花被片 5，白色，光亮。
❀ 原产巴西，作为饲料引种，后逸为野生，成为有害杂草。

95

凹头苋
Amaranthus blitum
苋属

一年生草本。茎淡绿色或紫红色。单叶互生，卵形或菱状卵形，长 1~4 cm，先端凹缺，基部宽楔形，全缘或稍呈波状。花呈腋生花簇，直至下部叶腋部，生在枝端者成直立穗状花序或圆锥花序；花被片 3，淡绿色。胞果不裂。
❀ 全草作止痛、收敛、利尿、解热剂；种子明目、鲜根清热解毒。

96

绿穗苋
Amaranthus hybridus
苋属

一年生草本。茎被毛。单叶互生，卵形或菱状卵形，长 3~4 cm，边缘波状或有不明显锯齿。穗状花序组成细长顶生圆锥花序，中间花穗最长；苞片中脉延伸成尖芒；花小，绿色。胞果卵形。

97

鸡冠花
Celosia cristata
青葙属

一年生草本。茎粗壮，有棱线或沟。单叶互生，卵形至卵状披针形，长 5~13 cm，全缘。穗状花序顶生，呈扁平肉质鸡冠状或羽毛状；苞片和花被红、紫、黄或橙色，干膜质，宿存。胞果盖裂，包裹在宿存花被内。花期 7-10 月
❀ "一枝秾艳对秋光，露滴风摇倚砌傍"的鸡冠花以艳和奇成为人们喜爱的传统名花。花和种子药用，为收敛剂，有止血，凉血和止泻之效。

98

凤尾
凤尾鸡冠花
Celosia cristata var. *chilsii*
青葙属

一年生草本。穗状花序顶生，聚集成羽状三角形圆锥花序状；具红、黄、紫红等多色。自然花期 7-10 月。
❀ 花穗丰满，形似火炬，常盆栽观赏或配置花坛、花境及片植，亦作切花材料。

99

千日红
Gomphrena globosa
千日红属

一年生草本。枝略呈四棱形，有灰色糙毛。单叶对生，长椭圆形或矩圆形倒卵形，长 3.5~13 cm，先端急尖或钝尖，基部渐狭，边缘波状，粗糙。头状花序，紫红色；叶状总苞片 2，绿色；每花有干膜质苞片 2，紫红色，长于花被；花被片 5。胞果。花期 6-10 月。
❀ 花色艳丽有光泽，干后而不凋，经久不变，是花坛、花境的常用材料和天然干花花材。花序入药，止咳、明目。

100

尖叶血苋
尖叶红叶苋

Iresine herbstii f. *acuminata*
血苋属

多年生草本。全株血红色。单叶对生，广卵形，长 2~10 cm，先端急尖或渐尖，全缘或有波状齿，侧脉间叶面颜色较深。雌雄异株，圆锥花序顶生及腋生；花小，花被片 5，淡褐色。

✿ 观叶植物，配置花坛、花境或作镶边材料。

紫茉莉科　Nyctaginaceae
草本或木本，有时为具刺藤状灌木。单叶对生或互生，全缘。花辐射对称，两性；单生、簇生或成聚伞花序等；常具彩色苞片；单被花，萼花冠状，3~5（10）裂；雄蕊 1 至多数；子房上位，1 室，花柱 1。瘦果，有棱或翅，为宿存花萼基部所包。

101

光叶子花
三角梅、三角花、宝巾

Bougainvillea glabra
叶子花属

攀缘灌木。有腋生枝刺；枝叶无毛或疏生柔毛。单叶互生，卵形或卵状椭圆形，长 5~10 cm，先端急尖或渐尖，全缘。花常 3 朵簇生在 3 枚叶状苞片内，苞片椭圆形，紫红色；花被管疏生柔毛。瘦果有 5 棱。花期 3-12 月。

✿ 花团锦簇，蔚然可观，观赏价值高。花入药，调和气血。

102

叶子花
毛宝巾、九重葛

Bougainvillea spectabilis
叶子花属

本种和光叶子花相似，但本种枝叶、果实密生柔毛；叶先端圆钝；苞片椭圆状卵形，鲜红色，或因品种不同有紫红色、白色或黄色；花被管密生柔毛。花期 6-12 月。

✿ 品种多，花色丰富，作绿篱、花架或修剪成庭园树。

103

紫茉莉
胭脂花、地雷花

Mirabilis jalapa
紫茉莉属

草本。单叶对生，卵形或卵状三角形，长 3~15 cm，基部截形或心形。花常数朵簇生枝端，有香气；总苞 5 裂；花被紫红、黄、白等色，高脚碟状，径 2~3 cm。瘦果球形，黑色。花果期 6-11 月。

✿ 根叶药用，有清热解毒、活血调经和滋补之效；种子制化妆粉。

商陆科　Phytolaccaceae
草本或木本。单叶互生，全缘。花两性，辐射对称，总状或聚伞花序；花被 4 或 5，宿存；雄蕊 3 至多数；子房上位，心皮 1 至多数，分离或合生。浆果或坚果。

104

垂序商陆
美洲商陆、洋商陆

Phytolacca americana
商陆属

多年生草本。根肥大。单叶互生，椭圆状卵形或卵状披针形，长 9~18 cm，先端急尖。总状花序，花白色；花被片 5；雄蕊、心皮常 10。果序下垂；浆果扁球形，熟时紫黑色。花期 6-8 月。

✿ 根药用，治水肿、风湿，并有催吐作用。全草可作农药。

☛ 本种与商陆（*P. acinosa*）的区别在于后者花序粗壮，花多而密，果序直立。

100

101

102

103

104

马齿苋科　Portulacaceae

肉质草本。单叶互生或对生，全缘；托叶干膜质或刚毛状。花两性，单生、头状或圆锥状等花序；萼片 2；花瓣 4~5；雄蕊对瓣生，或多；子房上位或半下位，心皮 3~5，1 室。蒴果。

105

树马齿苋
金枝玉叶
Portulaca afra
马齿苋属

多年生常绿灌木。茎肉质，紫褐色至浅褐色，分枝近水平伸出。叶互生或对生，宽倒卵形，肉质厚而脆，表面光滑，全缘。花两性，辐射对称，萼片 2，花瓣 4~5，淡粉色。蒴果。

❀ 株形古朴，枝叶翠绿光亮，为优良的观叶植物，亦作盆景。

106

马齿苋
Portulaca oleracea
马齿苋属

多年生草本。茎带紫色。叶互生或对生，倒卵形，长 1~3 cm；先端圆钝或平截，有时微凹，全缘。花常 3~5 朵簇生枝端；苞片叶状，膜质；萼片 2，绿色；花瓣 5，黄色，顶端微凹；雄蕊常 8。

❀ 全草入药，清热解毒，治菌痢；可作野菜及饲料。

107

大花马齿苋
太阳花、松叶牡丹
Portulaca grandiflora
马齿苋属

一年生肉质草本。茎紫红色。叶互生，细圆柱形，长 1~2.5 cm。花大，径 3~4 cm，单生或簇生枝端，日开夜闭；叶状总苞轮生；萼片 2；花瓣 5 或重瓣，红、紫或黄白色。蒴果。花期 6~9 月。

❀ 花色繁多，向阳而开，如锦似绣，极耐瘠薄，宜作地被植物。

108

土人参
Talinum paniculatum
土人参属

一年生肉质草本。主根粗壮，分枝如人参。叶互生或近对生，稍肉质，倒卵形或倒卵状长椭圆形，长 5~7 cm，全缘。圆锥花序，花序梗长；花小，淡红色；萼片 2；花瓣 5。蒴果近球形，3 瓣裂。

❀ 根供药用，滋补强壮；叶消肿解毒，治疗疮疖肿。

落葵科　Basellaceae

缠绕草本。单叶互生，全缘，稍肉质。花小，两性，辐射对称，穗状、总状花序；花被片 5，白色或淡红色；雄蕊 5；子房上位，心皮 3，1 室。胞果，被宿存的小苞片和花被。

109

落葵薯
田三七、藤三七
Anredera cordifolia
落葵薯属

缠绕藤本。根状茎粗壮。单叶互生，卵形至近圆形，长 2~6 cm，先端急尖，基部圆形或心形；具腋生小块茎（珠芽）。总状花序轴下垂；花被片肉质，白色，花期开展。

❀ 小块茎、叶和根药用，滋补强壮，消肿散瘀；叶拔疮毒。

110

落葵
豆腐菜、木耳菜
Basella alba
落葵属

一年生缠绕草本。茎光滑肉质。叶卵形或近圆形，长 4~9 cm，基部微心形或圆形，全缘。穗状花序腋生；花被片薄，不肉质，淡红至淡紫色，不开展。果实球形，红色至黑色，肉质多汁液。

❀ 嫩叶作蔬菜；全草药用作缓泻剂；花汁解痘毒；果汁作着色剂。

105

106

107

108

109

110

石竹科　Caryophyllaceae

草本。节膨大。单叶对生，全缘。花两性，辐射对称，单生或二歧聚伞花序；5 基数；花萼 4~5，宿存；花瓣 4~5，常有爪；雄蕊 4~10；子房上位，1 室，特立中央胎座。蒴果。

|111

簇生泉卷耳
簇生卷耳
Cerastium fontanum subsp.
vulgare
卷耳属

小草本。茎单生或丛生，全株被毛。单叶对生，叶片卵形至披针形，长 1~3 cm，先端急尖或钝尖。二歧聚伞花序顶生；花梗细，花后弯垂；萼片 5；花瓣 5，白色，先端 2 浅裂；花柱 5；雄蕊 10。蒴果圆柱形，长为宿存萼的 2 倍，顶端 10 齿裂。

✿ 全草药用，清热解毒，消肿止痛。

|112

球序卷耳
Cerastium glomeratum
卷耳属

与簇生卷耳区别在于本种：叶倒卵状匙形，顶端钝；花序常密集呈头状，下部花的花瓣和雄蕊一部分退化；蒴果长圆柱形，长为宿存萼的 0.5~1 倍。

|113

石竹
中国石竹
Dianthus chinensis
石竹属

多年生草本。茎无毛。单叶对生，条形或宽披针形，长 3~5 cm。花单生枝端或成聚伞花序；花萼筒形，萼齿 5；花瓣 5，红至白色，扇状倒卵形，先端齿状浅裂，喉部有斑纹和髯毛；雄蕊 10；花柱 2。蒴果圆筒形，顶端 4 裂。花期 5~9 月。

✿ "真竹乃不华，尔独艳暮春"，"谁怜芳最久，春露到秋风"。石竹是我国传统名花，植株茂密，花色鲜艳，花期长。全草药用，有利尿、通经、催产之效。

|114

剪春罗
剪夏罗
Lychnis coronata
剪秋罗属

多年生草本。根状茎竹节状。茎直立丛生。单叶对生，卵状椭圆形，长 6~10 cm，缘具细齿。聚伞花序顶生；花径 3~4 cm；花萼长筒形，顶端 5 裂；花瓣 5，橙红色，先端浅裂，下部有爪；雄蕊 10；花柱 5。蒴果顶端 5 齿裂。花期 4~7 月。

✿ 我国特有，栽培观赏。根药用，消炎止泻，外治带状疱疹。

|115

鹅肠菜
牛繁缕
Myosoton aquaticum
鹅肠菜属

草本。茎被腺毛。单叶对生，卵形或宽卵形，长 2.5~5.5 cm，先端急尖，基部稍心形。二歧聚伞花序顶生；花梗细长并下弯；萼片 5；花瓣 5，2 深裂，白色；雄蕊 10；花柱 5。蒴果卵圆形。

✿ 全草可做野菜和饲料；也可药用，驱风解毒，外敷治疗疮毒。

|116

漆姑草
Sagina japonica
漆姑草属

小草本，高 5~15 cm。茎铺散丛生。单叶对生，线形，长 5~10(20) mm，宽约 1 mm。花小，单生枝端叶腋；花梗细长 1~2 cm；萼片 5；花瓣 5，白色；雄蕊 5；花柱 5。蒴果卵圆形。

✿ 全草入药，可退热解毒。

|17

繁缕
Stellaria media
繁缕属

一年生草本。茎上有一列短柔毛。单叶对生，卵形，长 0.5~2.5 cm，先端锐尖。花单生或疏聚伞花序顶生；花梗长 3~10 mm；萼片 5，长于花瓣；花瓣 5，白色，2 深裂；雄蕊 10；花柱 3。蒴果卵形。

|18

箐姑草
Stellaria vestita
繁缕属

多年生草本。全株被毛。单叶对生，卵形或椭圆形，长 1~3.5 cm，先端急尖，基部圆形。疏聚伞花序；花梗长 1~3 cm；萼片 5；花瓣 5，2 深裂，与萼等长或稍短；雄蕊 10；花柱 3。蒴果卵萼形。

睡莲科　Nymphaeaceae

水生草本。具根状茎。叶盾状或心形。花大，单生，两性，辐射对称；萼片 4~6，离生；花瓣多数，渐变成雄蕊；雄蕊多数；心皮多数，结合成多室子房，上位至下位。坚果或浆果。

|19

莲
荷花、莲花
Nelumbo nucifera
莲属

多年生挺水草本。根状茎粗壮。叶圆形，径 25~90 cm，全缘稍波状；叶柄盾状着生，有刺。花单生；花萼 5；花瓣粉红或白色；雌蕊多数，嵌于海绵质花托内。坚果椭圆形或卵形。花期 6-8 月。

✿ 花色清丽，花姿楚楚动人，因"出淤泥而不染，濯清涟而不妖"被誉为"花中君子"，是我国十大名花和佛教圣花，园林中常营造"接天莲叶无穷碧，映日荷花别样红"的壮丽景观。根茎（藕）、种子（莲子）供食用；莲心强心降压，莲子则补脾止泻、养心益肾。

|20

白睡莲
Nymphaea alba
睡莲属

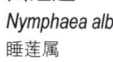

多年生浮水草本。根状茎粗短。叶近圆形，径 10~25 cm，基部深弯缺，裂片尖锐，近平行或开展，全缘或波状，下面暗紫色；叶柄无刺。花单生，白色，朝开幕闭；萼片 4，披针形，脱落或花后腐烂；花瓣 20~25 枚，卵状矩圆形。浆果扁球形。花期 5-9 月。

✿ 花瓣洁白如玉，淡黄色雄蕊居中素雅，观赏价值高；根状茎可食。

☛ 睡莲（*N. tetragona*）：叶心脏状卵形或卵状椭圆形，长 5~12 cm，宽 3.5~9 cm；花瓣 8~15，内轮不变成雄蕊；花萼宿存；浆果球形。

|21

红睡莲
Nymphaea alba var. *rubra*
睡莲属

白睡莲的变种。幼叶紫红色，老时上面转为墨绿色，有光泽，下面暗紫色；花玫瑰红色，径可达 30 cm，近全日开放。

✿ 原产瑞典，各地水景园常有栽培供观赏。

金鱼藻科　Ceratophyllaceae

沉水草本。茎纤细。叶轮生，二叉状。花小，单性；单被，6~8 片；雄蕊 8~20；心皮 1。坚果。

|22

金鱼藻
Ceratophyllum demersum
金鱼藻属

多年生沉水草本。茎分枝。叶 4~12 轮生，1~2 次二叉状分歧，裂片条形，长 1.5~2 cm，宽 0.5 mm，先端带白色软骨质，边缘仅一侧有数细齿。花小，径 2 mm。坚果宽椭圆形，有 3 长刺。

117

118

119

120

121

122

芍药科　Paeoniaceae

灌木或多年生草本。叶互生，三出复叶，全缘。花大，辐射对称；雄蕊多数，离心发育；周位花盘；子房上位，心皮1~5，分离，革质。蓇葖果，种子具假种皮。

|23

芍药
殿春、将离
Paeonia lactiflora
芍药属

多年生草本。二回三出复叶或三出复叶，互生；小叶狭卵形至披针形，长7.5~12 cm，缘有细齿。花数朵顶生和腋生；花径8~11.5 cm；萼片4；花瓣9~13，白色或粉色；心皮4~5，无毛，花盘肉质，仅包裹心皮基部。蓇葖果顶端具喙。花期5-6月。

✿ 古时"维士与女"离别时"赠之以芍药"，表惜别之情而名"将离"。春末"多谢花工怜寂寞，尚留芍药殿春风"，故名"殿春"。我国传统名花，被誉为"花相"。根称"白芍""赤芍"，入药有活血祛瘀、清热凉血、止痛收敛之效。

|24

牡丹
木芍药、富贵花
Paeonia suffruticosa
芍药属

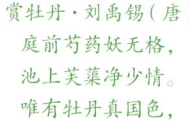

赏牡丹·刘禹锡（唐）
庭前芍药妖无格，
池上芙蕖净少情。
唯有牡丹真国色，
花开时节动京城。

落叶小灌木。二回三出复叶互生，顶生小叶3裂至中部。花径10~17 cm，单生枝顶；萼片5，绿色；花瓣5，或重瓣，深红、紫红、粉红至白等色，心皮5，密生黄褐色毛，花盘革质，包围心皮达1/2以上。聚合蓇葖果。花期4-5月。

✿ "绝代只西子，众芳惟牡丹"。牡丹花雍容端庄，是我国十大名花之一，被誉为"花王"。根皮入药，清热凉血、活血散瘀。国家Ⅱ级保护植物。

☛ 牡丹和芍药易混淆。芍药为草质茎，顶生小叶为单叶，不裂，花单朵或数朵顶生或腋生，芳香；而牡丹为木质茎，顶生小叶常3裂至中部，花单朵顶生，较大。

毛茛科　Ranunculaceae

草本。叶常互生，掌状或羽状分裂，或一至多回三出复叶。花两性，辐射或两侧对称；萼片5，有时花瓣状；花瓣2至多数，或缺；雄蕊、心皮多数，分离；子房上位。蓇葖果或瘦果。

|25

打破碗花花
野棉花
Anemone hupehensis
银莲花属

多年生草本。叶基生，三出复叶，具长柄；小叶卵形，缘有齿，有毛。聚伞花序2~3回分枝；总苞叶状；萼片5，紫红色或粉红色，外生柔毛；无花瓣。聚合瘦果，球形，有毛。花期7-10月。

✿ 全草杀虫，作土农药用。

|26

还亮草
Delphinium anthriscifolium
翠雀属

一年生草本。2~3回羽状复叶；叶片菱状或三角状卵形。总状花序，花轴和花梗有毛；萼片5，堇色，距钻形，稍上弯或直；花瓣2，紫色，上部宽；退化雄蕊2，与萼同色；心皮3。蓇葖果。

✿ 全草药用，治风湿骨痛，外治疮癣。

123

126

124

125

27

大花飞燕草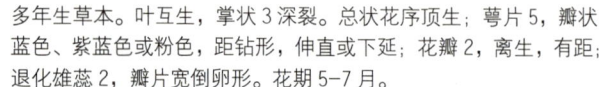
大花翠雀
Delphinium × cultorum
翠雀属

多年生草本。叶互生，掌状 3 深裂。总状花序顶生；萼片 5，瓣状，蓝色、紫蓝色或粉色，距钻形，伸直或下延；花瓣 2，离生，有距；退化雄蕊 2，瓣片宽倒卵形。花期 5~7 月。

✿ 花形奇特，色彩艳丽，为著名观赏草花。

☛ 本种和飞燕草（*Consolida ajacis*）区别在于后者叶掌状细裂；花枝纤细，花少；萼距上弯；花瓣 2，合生（重瓣品种该特征不明显）；无退化雄蕊。

28

花毛茛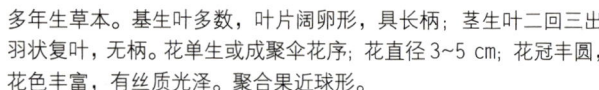
芹叶牡丹
Ranunculus asiaticus
毛茛属

多年生草本。基生叶多数，叶片阔卵形，具长柄；茎生叶二回三出羽状复叶，无柄。花单生或成聚伞花序；花直径 3~5 cm；花冠丰圆，花色丰富，有丝质光泽。聚合果近球形。

✿ 株姿玲珑秀美，花大、色彩丰富艳丽，常片植或布置花坛。

29

毛茛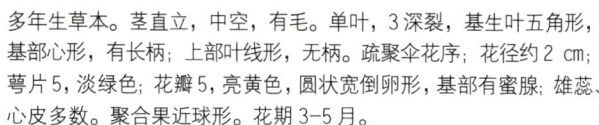
Ranunculus japonicus
毛茛属

多年生草本。茎直立，中空，有毛。单叶，3 深裂，基生叶五角形，基部心形，有长柄；上部叶线形，无柄。疏聚伞花序；花径约 2 cm；萼片 5，淡绿色；花瓣 5，亮黄色，圆状宽倒卵形，基部有蜜腺；雄蕊、心皮多数。聚合果近球形。花期 3~5 月。

✿ 全草有毒，为外用发泡药，治疟疾、黄疸病等；可作土农药。

30

石龙芮
Ranunculus sceleratus
毛茛属

一年生草本，几无毛。单叶，宽卵形，长 1~4 cm，3 深裂，基部心形，中央裂片 3 浅裂；茎上部叶较小，3 全裂，基部抱茎。聚伞花序；花小；萼片 5，淡绿色；花瓣 5，黄色，狭倒卵形。聚合果长圆形。

✿ 全草有毒，入药能散瘀化结，治淋巴结核等症。

31

扬子毛茛
Ranunculus sieboldii
毛茛属

多年生草本，被柔毛。茎匍匐。三出复叶，宽卵形，长 1~4 cm，基部心形，中央小叶菱状卵形，小叶 2~3 浅裂。花与叶对生；黄色；萼片 5，反折；花瓣 5，近椭圆形。聚合果球形。

✿ 全草药用，治蛇咬伤和疟疾。

32

天葵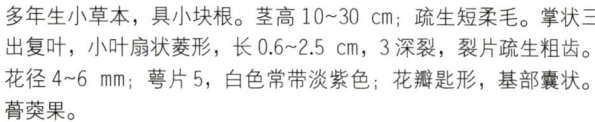
Semiaquilegia adoxoides
天葵属

多年生小草本，具小块根。茎高 10~30 cm；疏生短柔毛。掌状三出复叶，小叶扇状菱形，长 0.6~2.5 cm，3 深裂，裂片疏生粗齿。花径 4~6 mm；萼片 5，白色常带淡紫色；花瓣匙形，基部囊状。蓇葖果。

✿ 有毒植物，可作土农药；根药用，有消肿解毒、利尿之效。

127

128

129

130

131

132

小檗科　Berberidaceae

灌木或草本。叶互生，单叶或 1~3 回羽状复叶。花两性，辐射对称，单生或为总状等花序；萼片 6~9，常花瓣状；花瓣 6，盆状或变为蜜腺；雄蕊对瓣；子房上位，1 室。浆果或蒴果。

|33

豪猪刺
Berberis julianae
小檗属

常绿灌木。茎刺三分叉。单叶互生，革质，椭圆形至倒披针形，长 3~8 cm，缘有刺齿。花簇生，黄色；萼片 6，2 轮，花瓣状；花瓣长圆形，先端缺裂。浆果长圆形，蓝黑色，有白粉。花期 3 月。

✿ 根、茎含小檗碱，作黄连素原料，治疮毒、痢疾；亦作花篱。

|34

柔毛淫羊藿
Epimedium pubescens
淫羊藿属

多年生草本。1 回三出复叶，茎生叶对生，小叶革质，卵形，基部心形。总状花序圆锥状；萼片 6，内轮白色，披针形；花瓣远较内萼短，囊状，淡黄色。蒴果具长喙状宿存花柱。花期 3~5 月。

✿ 全草药用，能补肾强壮，治四肢麻木、神经衰弱等症。

|35

阔叶十大功劳
Mahonia bealei
十大功劳属

常绿灌木。奇数羽状复叶；小叶 7~15，革质，卵形，长 4~12 cm，具粗齿，顶生小叶较大，有柄。总状花序；花黄色；萼片 9，花瓣状；花瓣 6，倒卵状椭圆形。浆果卵形，深蓝色，被白粉。花期 9 月至翌年 2 月。

✿ 全株药用，清热解毒、治肺结核等症。绿化和盆景植物。

|36

十大功劳
细叶、狭叶十大功劳
Mahonia fortunei
十大功劳属

常绿灌木。奇数羽状复叶互生；小叶 5~9，革质，矩圆状披针形，长 8~12 cm，顶生小叶最大，缘有刺齿。总状花序 4~10 个簇生；花梗与苞片等长；花黄色；萼片 9，3 轮，花瓣状；花瓣 6，腺体显著。浆果圆形或矩圆形，蓝黑色，有白粉。花期 7~9 月。

✿ 全株药用，有清热解毒、滋阴强壮之效。绿化和盆景植物。

|37

宽苞十大功劳
湖北十大功劳
Mahonia eurybracteata
十大功劳属

常绿灌木。奇数羽状复叶；小叶 9~17，椭圆状披针形至狭卵形，长 7~10 cm，叶缘中部以上有 2~5 刺齿，顶生小叶稍大，近无柄。总状花序簇生；花梗远长于苞片；萼片 9，3 轮，花瓣状；花瓣 6，腺体不明显。浆果倒卵状形，蓝色，被白粉。花期 8~11 月。

✿ 全株药用，清热解毒。亦作花篱。

|38

南天竹
Nandina domestica
南天竹属

常绿灌木。茎光滑无毛。2~3 回奇数羽状复叶，互生；小叶薄革质，椭圆状披针形，全缘，冬季变红色。圆锥花序；花小，白色，芳香；萼片多；花瓣 6。浆果球形，红色。花期 3~7 月。

✿ 枝叶翠绿扶疏，红果累累，是赏叶观果的佳品，也作盆景材料。根叶有强筋活络，消炎解毒之效，果为镇咳药。

木兰科　Magnoliaceae

木本。叶和花有香气。单叶互生，全缘；节上有托叶环(痕)。花单生，两性；花被呈花瓣状，3 基数，多轮；雌雄蕊多数，离生，螺旋排列在伸长的花托上；子房上位。蓇葖果。

139

二乔玉兰
Yulania × soulangeana
玉兰属

落叶小乔木。叶倒卵形至宽椭圆形，长 6~15 cm。花先叶开放；花被片 9，外轮花被片为内轮花被片的 2/3 长或等长，白色、淡紫红至紫红色，具紫红色晕或条纹。蓇葖果。花期 3~4 月。

✿ 为玉兰和木兰的杂交种。树皮，叶，花可提取芳香浸膏。

☛ 本种和白玉兰、紫玉兰主要从株形和花被片上区分。三者和望春玉兰的主要区别在于后者叶为长圆状或卵状披针形，先端短渐尖；花萼片 3，花瓣状，约 1/5 花瓣长。

> 白玉兰：乔木；叶先端宽圆；花白色；花被片 9，无花萼和花瓣区分。
>
> 紫玉兰：灌木；叶先端窄，渐尖；花外紫内白，花瓣 6，花萼 3，绿色，约为花瓣的 1/3 长，早落。
>
> 二乔玉兰：小乔木；叶先端宽圆；花外淡紫内白，花瓣 6，萼片 3，花瓣状，为花瓣 2/3 长或等长。

140

玉兰
白玉兰、木兰
Yulania denudata
玉兰属

落叶乔木。单叶互生，倒卵形，长 8~18 cm，先端具短突尖。花大，单生枝顶，先叶开放，芳香；花被片 9，长圆状倒卵形，白色。聚合果圆柱形。花期 2~4 月。

✿ 玉兰色如玉，香如兰，是珍贵的庭院观赏树。花可食，或提芳香油。

141

紫玉兰
木笔、辛夷
Yulania liliflora
玉兰属

落叶灌木。单叶互生，椭圆状倒卵形，长 8~18 cm，先端急尖或渐尖。花先叶或与叶同放；花被片 9，外轮 3 片萼片状，绿色，小；内两轮肉质，花瓣状，外紫内白，椭圆状倒卵形。花期 3~4 月。

✿ "谁信花中原有笔，毫端方欲吐春霞"。因花蕾形如笔头而称"木笔"；花蕾作"辛夷"入药，主治鼻炎、头痛。

142

荷花玉兰
广玉兰、洋玉兰
Magnolia grandiflora
木兰属

常绿乔木。单叶互生，厚革质，长椭圆形或倒卵状椭圆形，长 10~20 cm，上面亮绿，下面密被锈毛。花大，白色，芳香；花被片 9~12，厚肉质，倒卵形。聚合果圆柱形。花期 6~8 月。

✿ 优良的城市绿化及观赏树种。枝、叶、花可提芳香油。

143

白兰
白兰花、白玉兰、
黄桷兰
Michelia × alba
含笑属

常绿乔木。枝广展。叶薄革质，长椭圆形或披针状椭圆形，长 15~25 cm；托叶痕短于叶柄一半。花单生叶腋，白色，极香；花被片 12，披针形。花期 4~9 月，常不结实。

☛ 本种和黄兰（*M. champaca*）区别在于后者枝斜上展，托叶痕长于叶柄一半，花黄色，极香，结实。二者均是名贵的香花树种。

144

乐昌含笑
Michelia chapensis
含笑属

常绿乔木。单叶互生，薄革质，倒卵形至长圆状倒卵形，长6~16 cm，先端短尾尖，基部楔形。花被片6，淡黄白色，芳香；雌蕊具柄。聚合蓇葖果。花期 3~4 月。

✿ 树形壮丽，枝叶稠密，花清丽、芳香，作绿化和观赏树种。

145

含笑花
香蕉花、含笑
Michelia figo
含笑属

常绿灌木。小枝及叶柄密被黄褐色绒毛。单叶互生，椭圆状倒卵形，长 4~10 cm，革质。花单生叶腋，淡黄色而边缘带紫晕，具香蕉香气；花被片6，肉质，长椭圆形；具雌蕊柄。聚合果。花期 4~6 月。

✿ 含笑花半开半合，凝情脉脉，绰约清雅，芳香可人，是我国传统名花。花可熏茶、提取芳香油和药用。

146

深山含笑
Michelia maudiae
含笑属

常绿乔木。全株无毛。单叶互生，革质，长椭圆形，长 7~18 cm，先端急尖，基部宽楔形，全缘，下面粉白色。花单生叶腋，白色；径 10~12 cm；花被片9。聚合果。花期 2~3 月。

✿ 花洁白如玉，芳香如兰，花期长，是重要的芳香观赏花木；花可提取芳香油，亦供药用。

147

峨眉含笑
Michelia wilsonii
含笑属

常绿乔木。树皮光滑。单叶互生，革质，倒卵形至倒披针形，长8~15（20）cm，下面灰白色，有毛，网脉细密，干时两面凸起。花淡黄色，芳香，径5~6 cm；花被片带肉质，9~12，倒卵形或倒披针形。聚合果下垂，紫褐色。花期 3~5 月。

✿ 树形优美，花大，芳香，作园林绿化和芳香观赏花木。

蜡梅科　Calycanthaceae

灌木。单叶对生，全缘。花两性，辐射对称，单生叶腋或生侧枝的顶端，先叶开放，芳香；花被片多数，螺旋状着生于杯状的花托边缘；子房上位，心皮离生。聚合瘦果生于坛状果托内。

148

蜡梅
Chimonanthus praecox
蜡梅属

落叶灌木。芽具多数鳞片。单叶对生，近革质，椭圆状披针形，长7~15 cm，叶面粗糙。花单生，径约 2.5 cm，黄色，先叶开放，芳香；外部花被片卵状椭圆形，内部较短。果托近木质化，坛形。花期 11 月至翌年 3 月。

✿ 蜡梅因花黄色如蜂蜡雕塑而制，故名"蜡梅"，而非因腊月开花而名"腊梅"。"一花香十里，更值满树开。承恩不在貌，谁敢斗香来"。蜡梅香气浓郁，冒寒怒放、不屈不挠的品质为世人称颂，是我国传统名花。花可提芳香油，并为解毒生津药，花蕾油治烫伤，根、茎作镇咳止喘药。

樟科　Lauraceae

木本。有香气。单叶互生，革质，全缘，羽状脉或三出脉。花小，两性，辐射对称；花各部轮生，3 基数；花被 2 轮；雄蕊 4 轮，第 4 轮退化，花药瓣裂；子房上位，1 室。核果。

｜49

樟
樟树、香樟
Cinnamomum camphora
樟属

乔木。单叶互生，卵状椭圆形，长 5~8 cm，薄革质，先端短渐尖，离基三出脉，脉腋有腺体。圆锥花序腋生；花小，淡黄绿色，花被片 6，黄白色；能育雄蕊 9。果球形，熟时紫黑色。

♻ 材质优良；是提取樟脑和樟脑油的原料；种子油供工业用。

｜50

阴香
Cinnamomum burmannii
樟属

常绿乔木。树皮光滑。枝叶有肉桂香味。叶互生或近对生，卵圆形、长圆形至披针形，长 6~10 cm，上面绿色，下面苍绿色，基生 3 脉，中脉和侧脉下面凸起，细脉多少呈网状。圆锥花序顶生或腋生，花梗有毛；花绿白色；花被片 6，两面有毛。果实卵形；果托宽钟状，具整齐 6 齿裂，齿端截平。

♻ 优良的行道树及观赏树；树皮、叶可提芳香油；茎皮入药。

｜51

天竺桂
Cinnamomum japonicum
樟属

常绿乔木。树皮光滑。枝叶有香气；幼枝和叶柄红褐色。单叶近对生或互生，长圆状披针形，长 7~10 cm，基生 3 脉，侧脉有少数支脉，中脉和侧脉两面隆起，细脉成网状。圆锥花序腋生，总梗和花梗无毛；花黄白色，花被片 6，外无毛，内有毛。果长圆形，果托漏斗形，全缘或具浅圆齿。花期 4~5 月。果期 7~9 月。

♻ 抗 SO_2，为优良绿化树种；枝叶、树皮可提芳香油。

｜52

银木
Cinnamomum septentrionale
樟属

常绿乔木。小枝、叶下、花序及果序密被白色绢毛。单叶互生，椭圆形或椭圆状倒披针形，长 10~15 cm，先端短渐尖，近革质，羽状脉。圆锥花序腋生；花被片 6。果球形。

♻ 绿化树种，材质优良，为高级家具用材；根材可制作工艺品。

｜53

黑壳楠
Lindera megaphylla
山胡椒属

乔木图标

常绿乔木。单叶互生，常集生枝端，倒披针形至长椭圆形，长 15~24 cm，先端尖，基部渐狭，革质。伞形花序多花，常成对腋生，具总梗；花黄绿色，花被片 6。果椭圆形，黑色，果托杯状。

♻ 绿化树种；果皮、叶可提取芳香油。

｜54

楠木
桢楠
Phoebe zhennan
楠属

常绿乔木。树干通直，小枝密生柔毛。单叶互生，革质，椭圆形，少为披针形或倒披针形，长 7~13 cm，背面密被柔毛。聚伞状圆锥花序，开展，被毛；每伞形花序常具花 5。果椭圆形。

♻ 我国特有的珍贵木材，国家 II 级保护植物；作庭荫树及绿化树种。

149

150

151

152

153

154

罂粟科 Papaveraceae

草本或灌木，常有黄、白和红色汁液。叶互生或对生。花两性，辐射或两侧对称，单生、总状、聚伞或圆锥花序；萼片2，早脱；花瓣常4~8；雄蕊多数，分离；子房上位，1室。蒴果。

|55

白屈菜
Chelidonium majus
白屈菜属

多年生草本，具黄色汁液。茎聚伞状分枝，被柔毛。叶基生或互生，倒卵状长圆形，长达15 cm，羽状全裂，缘有缺刻，下面有白粉。伞形花序多花；花瓣4，倒卵形，黄色。蒴果狭圆柱形。

✿ 全草药用，含有毒生物碱，能镇痛、解毒；亦作农药。

|56

紫堇
Corydalis edulis
紫堇属

一年生草本。叶基生或互生，叶片近三角形，长3~9 cm，1~2回羽状全裂。总状花序；两侧对称；萼片小；花瓣粉红至紫红色，平展，外花瓣较宽，距圆筒形，稍下弯。蒴果线形，下垂。

✿ 全草药用，清热解毒，止痒，收敛，润肺止咳。

|57

小花黄堇
Corydalis racemosa
紫堇属

一年生草本。叶片轮廓三角形，长3~12 cm，2~3回羽状全裂，一回裂片3~4对，末回裂片狭卵形至宽卵形，顶端钝或圆形。总状花序；花瓣黄色，距囊状。蒴果条形。

✿ 有毒植物，能杀虫解毒。

|58

虞美人
丽春花
Papaver rhoeas
罂粟属

一年生草本。茎分枝；茎、花梗及叶被刚毛。叶互生，轮廓披针形或狭卵形，羽状分裂，裂片披针形。花单生茎顶，径5~6 cm。花蕾卵球形，下垂；萼片绿色；花瓣4，红至紫红色。蒴果宽倒卵形，长1~2.2 cm。花期3~8月。

✿ 相传虞姬在四面楚歌的困境下，为让项羽尽早逃生，拔剑自刎，在血染之地长出了娇媚的花草，人们称之"虞美人"。其姿美花艳，是我国传统名花。全株有镇咳、止泻、镇痛等功效。

☛ 虞美人和罂粟（*P. somniferum*）区别在于后者茎光滑，不分枝；花蕾直立，花径约10 cm；果实长椭圆形或球形，长4~7 cm。

白花菜科 Capparidaceae

草本或木本。单叶或掌状复叶，互生；托叶刺状或无。花两性，辐射对称，单生或总状花序；萼片4~8，花瓣4~8，具花盘；雄蕊4至多数；子房上位，雌蕊柄有或无，1室。蒴果或浆果。

|59

鱼木
Crateva formosensis
鱼木属

落叶乔木。枝具白点。三出复叶，互生，小叶长卵形，长8~15 cm，全缘，侧生小叶基部歪斜。伞房花序，顶生；花瓣4，叶状，黄白色或淡紫色，具爪；雄蕊多数。浆果球形，红色，具细长柄。

✿ 木材清软，可作小鱼模具以钓乌贼。作行道树或观赏树。

155

156

157

159

158

160

醉蝶花
Tarenaya hassleriana
白花菜属

一年生草本。全株被粘质腺毛。掌状复叶，互生，小叶 5~7，矩圆状披针形，长 4~10 cm，全缘；有托叶刺。总状花序顶生；花瓣 4，粉红色或白色；雄蕊 6。蒴果。花期 6-10 月。

✿ 花似蝴蝶飞舞，轻盈飘逸，常配置花坛、花境；也是蜜源植物。

十字花科　Brassicaceae (Cruciferae)

草本。单叶互生，基生叶和茎生叶异形。花两性，辐射对称，总状花序；萼片 4，花瓣 4，十字形排列；雄蕊 6，四强雄蕊，花丝基部有蜜腺；子房上位，雌蕊 1，2 室。长角果或短角果。

161

羽衣甘蓝
叶牡丹
Brassica oleracea var. *acephala*
芸苔属

二年生草本。一年生植株呈莲座状叶丛；叶宽大，广倒卵形，缘有波状皱折或深裂，白黄、黄绿、粉红或红紫等色。总状花序，花小，淡黄色。长角果细圆柱形。

✿ 株丛整齐，叶形态美观多变，色彩绚丽，如盛开的牡丹花，故名叶牡丹。观赏期为冬季至春季。

162

芸苔
油菜、芸薹
Brassica rapa var. *oleifera*
芸苔属

二年生草本，微带粉霜。基生叶大头羽状分裂；下部茎生叶羽状半裂，两面有毛；上部茎生叶长圆状倒卵形或披针形，长 2.5~8（15）cm，基部心形抱茎，全缘或有波状细齿。总状花序；花黄色。长角果条形。花期 3-4 月，果期 5-6 月。

✿ 油料作物；嫩茎叶和总花梗作蔬菜；种子能行血散结消肿。

163

荠
荠菜
Capsella bursa-pastoris
荠属

一年或二年生草本。基生叶丛生呈莲座状，大头羽状分裂，长达 10 cm；茎生叶狭披针形，长 1~2 cm，基部抱茎，边缘有缺刻或锯齿。总状花序；花小，白色。短角果倒三角形。

✿ 茎叶作蔬菜；全草入药，有利尿、止血、清热明目、消积之效。

164

碎米荠
Cardamine hirsuta
碎米荠属

一年生小草本。奇数羽状复叶，基生叶具叶柄，小叶 1~5 对，侧生小叶小，歪斜；茎生叶具短柄，狭倒卵形至条形；小叶上面及边缘有疏柔毛。总状花序顶生；花小，白色。长角果线形。

✿ 全草可作野菜食用。

165

香雪球
Lobularia maritima
香雪球属

多年生草本。全株被毛。叶条形或披针形，长 1.5~5 cm，全缘。花序伞房状，果期极伸长；花瓣淡紫色或白色，长圆形。花期 6-7 月。短角果椭圆形。

✿ 株矮而多分枝，花繁清香，宜植于岩石园或盆栽及片植观赏。

160

161

163

162

164

165

166

紫罗兰
Matthiola incana
紫罗兰属

二年生或多年生草本。全株被灰白色星状毛。叶片矩圆形至倒披针形，长 3~5 cm，先端圆钝，基部渐狭，全缘。总状花序；花瓣紫红、淡红或白色，径约 2 cm。长角果圆柱形。花期 4~5 月。

❀ 欧洲名花。花繁色艳，香气或幽淡或浓郁，花期长，适宜于布置花坛、花境或作切花观赏；亦是香水工业原料。

167

诸葛菜
二月兰
Orychophragmus violaceus
诸葛菜属

一年或二年生草本。基生叶及下部茎生叶大头羽状全裂，长 3~8 cm，基部心形；中、上部叶长圆形或窄卵形，先端急尖，基部耳状，抱茎，缘有钝齿。总状花序顶生；花深紫色，径约 2cm。长角果条形。花期 4~5 月。

❀ 嫩茎叶可食；种子可榨油；亦作观花地被植物。

168

萝卜
白萝卜
Raphanus sativus
萝卜属

一年或二年生草本。直根肉质。基生叶和下部茎生叶大头羽状半裂，顶裂片卵形，侧裂片 4~6 对，长圆形，有钝齿，疏生粗毛；上部叶长圆形，有锯齿或近全缘。总状花序；花淡紫色或白色。长角果圆柱形，在种子间缢细。

❀ 直根食用；种子入药称"莱菔子"，祛痰、消积、利尿、止泻。

169

无瓣蔊菜
Rorippa dubia
蔊菜属

一年生小草本。单叶互生，基生叶与下部茎生叶倒卵形或倒卵状披针形，长 3~8 cm，大头羽状分裂；上部叶卵状披针形或长圆形，缘具波状齿，叶形及大小多变化。总状花序顶生或侧生，花小；萼片 4，直立，披针形；无花瓣。长角果线形。用途同蔊菜。

170

蔊菜
Rorippa indica
蔊菜属

一年生草本。单叶互生；基生叶和下部叶有柄，长 7~15 cm，大头羽状分裂；上部叶无柄，矩圆形，基部抱茎。总状花序顶生；花小，花瓣 4，黄色。长角果圆柱形。

❀ 全草入药，解表健胃、清热解毒。

景天科   Crassulaceae

草本或半灌木。茎叶常肥厚、肉质。单叶，互生、对生或轮生。花两性，或单性异株，辐射对称，常为聚伞花序；4~5 基数；花被常分离；雄蕊与花瓣同数或 2 倍之；子房上位，心皮分离或基部合生。蓇葖果。

171

燕子掌
玉树、翡翠树
Crassula ovata
青锁龙属

常绿小灌木。具气生根；茎肉质，灰褐色。叶对生，在枝顶密集成莲座状，肉质，卵圆形。圆锥状聚伞花序生于叶腋；花白色或淡粉；花瓣 5。

❀ 常盆植作观叶植物。

166

167

168

169

170

171

172

风车草
宝石花
Graptopetalum paraguayense
风车草属

多年生草本。具气生根；茎粗壮，丛生，近圆柱形。叶莲座状着生，卵形，肉质，全缘，灰绿色。聚伞花序腋生，花白色。

☘ 盆栽观叶或配置岩石园。

173

长寿花
Kalanchoe blossfeldiana
伽蓝菜属

多年生肉质草本。叶交互对生，椭圆状长圆形，深绿色有光泽，长 8~10 cm，缘有波状钝齿。圆锥状聚伞花序，花色有红、粉、黄、橙和白等色；花冠呈钟形，裂片 4。花期 12 月 – 翌年 4 月底。

☘ 叶片翠绿，花密色丰，常盆栽观赏，或配置花坛和花境。

174

凹叶景天
Sedum emarginatum
景天属

多年生小草本。单叶对生，匙状倒卵形至宽卵形，先端圆，有微缺，基部渐狭。聚伞花序顶生；花无梗；萼片 5；花瓣 5，黄色，披针形。

☘ 全草药用，清热解毒、散瘀消肿。

175

垂盆草
Sedum sarmentosum
景天属

多年生小草本。不育枝匍匐生根。3 叶轮生，倒披针形至长圆形，长 15~25 mm，先端急尖，基部急狭，全缘。聚伞花序顶生，花无梗；萼片 5；花瓣 5，黄色，披针形至长圆形。

☘ 全草入药，利湿退黄、清热解毒；亦可配植岩石园。

虎耳草科　Saxifragaceae

草本或灌木。单叶或复叶，互生或对生。花两性，辐射对称，聚伞、圆锥或总状花序；4~5 基数；花瓣与萼片互生，或缺；雄蕊生于花瓣上，与其同数或为倍数；子房上位或下位，心皮 2（3~5），1 至多室，花柱分离。蒴果或浆果。

176

常山
Dichroa febrifuga
常山属

落叶灌木。小枝常 4 棱。单叶对生，椭圆形或倒卵状矩圆形，长 8~25 cm，先端渐尖，基部楔形，缘有锯齿。伞房状圆锥花序顶生或腋生，花蓝色或白色；花蕾倒卵形；花萼倒圆锥形，4~6 裂；花瓣长圆状椭圆形，花后反折。浆果蓝色。

☘ 根、叶药用，治疟疾，并有解热、催吐之效。

177

绣球
八仙花
Hydrangea macrophylla
绣球属

落叶或半常绿灌木。单叶对生，厚纸质，椭圆形至宽卵形，长 7~20 cm，先端急尖，基部宽楔形，具粗齿。伞房状聚伞花序近球形，径 8~20 cm；花白、粉红或蓝色，多为不孕花；萼片 4。花期 4~6 月。

☘ 花大而美丽，作花境或地被植物。花、叶入药，清热抗疟。

178

蜡莲绣球
Hydrangea strigosa
绣球属

落叶灌木。单叶对生，卵状披针形至矩圆形，长 8~25 cm 或更长，缘有小锯齿。伞房状聚伞花序顶生；花二型；放射花白色，萼片 4；孕性花淡紫红色。蒴果半球形，藏于萼筒内。花期 7~8 月。

❀ 耐瘠薄，可配置岩石园；药用有清热解毒之效。

179

虎耳草
Saxifraga stolonifera
虎耳草属

多年生肉质草本。匍匐茎细长；全株被毛。叶基生，肾形至圆形，径 4~6 cm，缘有浅裂与齿，上面常有白色斑纹，下面红紫色。圆锥花序；花两侧对称；花瓣 5，白色，下方 2 个较长。蒴果。

❀ 耐阴观叶植物；入药能祛风清热、凉血解毒，治耳炎等症。

海桐科　Pittosporaceae

木本。单叶互生或轮生。花两性，辐射对称，腋生或顶生，单生或组成聚伞花序；萼片、花瓣和雄蕊各 5；子房上位，心皮 2~5，1 室。浆果或蒴果。

180

海桐
海桐花、七里香
Pittosporum tobira
海桐花属

常绿灌木。叶互生，聚生于枝顶，革质有光泽，狭倒卵形，长 5~12 cm，先端圆钝，全缘。伞形花序；花白色，芳香；花瓣 5。蒴果，3 瓣裂；种子红色。花期 5~6 月。

❀ 株形圆整，四季常青，抗 SO_2，花洁白芳香，种子鲜红，是优良的观叶观花环保植物。根能祛风活络，叶能解毒止血。

金缕梅科　Hamamelidaceae

木本。单叶互生，具羽状脉或掌状脉；有托叶。花两性或单性同株，头状、穗状或总状花序；萼裂片 4~5；花瓣 4~5 或缺；雄蕊 4~13；子房下位，心皮 2，2 室，花柱 2，常宿存。蒴果。

181

蚊母树
Distylium racemosum
蚊母树属

常绿灌木或中乔木。单叶互生，革质有光泽，倒卵状长圆形，长 3~7 cm，先端钝或圆，基部阔楔形，全缘。短总状花序腋生，花小，无花瓣；雄蕊红色，明显。蒴果，被毛。

❀ 绿化及观赏树种，但其叶片常有虫瘿。

182

檵木
继木
Loropetalum chinense
檵木属

落叶灌木或小乔木。叶革质，卵形，长 2~5 cm，先端锐尖，基部偏斜，下面被褐锈色毛，全缘。花两性，3~8 朵簇生；萼齿 4；花瓣 4，黄白色，带状条形；雄蕊 4。蒴果木质。花期 3~5 月。

❀ 根、叶入药，治跌打损伤，叶能止血。园林应用同红花檵木。

183

红花檵木
Loropetalum chinense
var. *rubrum*
檵木属

檵木变种。叶紫红色；花紫红色，花瓣裂片长 2 cm。

❀ 枝繁叶茂，叶美花奇，木质柔韧，适应性强，植于庭院观赏或作树桩盆景。

178

179

180

181

182

183

杜仲科　Eucommiaceae

　　落叶乔木。单叶互生，卵状椭圆形，缘有锯齿。花单性异株，无花被，先叶或与新叶同开；雌花单生，2 心皮仅 1 个发育，扁而长；雄花簇生；雄蕊 10。坚果具翅，长而扁平。

|84

杜仲
Eucommia ulmoides
杜仲属

本科仅此 1 种。叶长 7~14 cm，枝叶断后有胶丝相连。我国特有，国家 II 级保护植物。树皮药用，有强壮及降血压之效；树皮分泌的硬橡胶为工业及绝缘材料。园林用途可作庭荫树及行道树。

悬铃木科　Platanaceae

　　木本。具柄下芽。单叶互生；托叶大。花单性同株，排成头状花序；雄花序无苞片，雌花序有苞片；萼片 3~8；花瓣与萼片同数；心皮 3~8，离生。聚合小坚果，球形。

|85

二球悬铃木
英桐
Platanus acerifolia
悬铃木属

落叶乔木。叶阔卵形，长 9~15 cm，3~5 掌状裂，基部截形或微心形，缘有锯齿。花单性，4 基数。果枝有头状果序常 2 个，下垂。
✿ 是美桐（球果数常 1 个）和法桐（球果数常 3 个以上）的杂交种。生长快，耐修剪，抗烟尘，适应性强，广植作行道树。

蔷薇科　Rosaceae

　　木本或草本。茎具刺及皮孔。单叶或复叶，互生；有托叶。花两性，辐射对称，单生或为各式花序；花托凸起或凹陷；萼裂片 5，花瓣 5，离生；雄蕊多数，离生；子房上位或下位，心皮 1 至多数，离生或合生。核果、瘦果、梨果或蓇葖果。

|86

龙芽草
Agrimonia pilosa
龙芽草属

多年生草本。全株密被柔毛。奇数羽状复叶，小叶 5~7，小叶大小间杂，无柄，椭圆状卵形或倒卵形，长 3~6.5 cm，缘有锯齿。顶生总状花序；花黄色，近无梗。瘦果。为收敛止血药。

|87

桃
Amygdalus persica
桃属

题都城南庄·崔护（唐）
去年今日此门中，
人面桃花相映红。
人面不知何处去，
桃花依旧笑春风。

落叶乔木。树皮暗红褐色；小枝有毛。单叶互生，长圆状至倒卵状披针形，长 7~16 cm，基部宽楔形，有细锯齿；叶柄具腺体。花单生，先叶开放，径 2~3.5 cm；花梗极短或近无；萼筒外被毛；花瓣 5，粉红色；心皮 1，子房被短柔毛。核果，被柔毛。花期 3~4 月。
✿ 我国传统名树。花盛开时"桃之夭夭，灼灼其华"；密植成林则云蒸霞蔚，如火如荼；桃红柳绿尽表明媚春光，桃竹相配又达"竹外桃花三两枝，春江水暖鸭先知"的意境，桃花常作为春天的意象应用于园林景观。果供食；桃胶作粘接剂，亦药食。

|88

紫叶桃
Amygdalus persica
f. *atropurpurea*
桃属

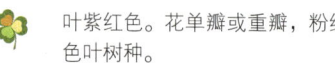

叶紫红色。花单瓣或重瓣，粉红或大红色。全株紫红色，是优美的色叶树种。

184

185

186

188

187

189

碧桃
Amygdalus persica f. *duplex*
桃属

叶绿色。花较小，单生或两朵生于叶腋，粉红色，重瓣或半重瓣。
❀ 另外，红碧桃'Rubro-ptena'：花红色，重瓣。花碧桃'Versicolor'：花近重瓣，同一树上有粉红与白色相间的花朵、花瓣或条纹。

190

梅
Armeniaca mume
杏属

梅花·王安石（宋）
墙角数枝梅，
凌寒独自开。
遥知不是雪，
为有暗香来。

落叶小乔木。小枝绿色光滑。单互叶生，卵形至卵状披针形，长4~7 cm，先端长尾尖，基部宽楔形，缘有细密锯齿。花单生或2朵生于一芽内，芳香，先叶开放，径2~2.5 cm；近无梗；花萼紫褐色；花瓣5，白至红色；雄蕊多数；子房密被柔毛。核果球形，黄色，核上有蜂窝小孔。花期2-3月，果熟期6-7月。
❀ "疏影横斜水清浅，暗香浮动月黄昏" "梅花香自苦寒来，宝剑锋从磨砺出"。梅花寿命长；品种多，姿韵色香独具一格；迎雪吐艳，凌寒飘香，纯洁高雅、铁骨冰心的坚贞气节，被视为中华名族的象征，是我国十大名花之一。果实可食或入药，止咳生津；木材作雕刻、算盘珠等用；花可提取芳香油。

191

杏
Armeniaca vulgaris
杏属

游园不值·叶绍翁（宋）
应怜屐齿印苍苔，
小扣柴扉久不开。
春色满园关不住，
一枝红杏出墙来。

落叶乔木。小枝红棕色，无毛。叶卵形至近圆形，长5~8 cm，先端突尖，基部圆形，缘有钝锯齿；叶柄带红色，近顶端有腺体2。花单生，先叶开放，梗无或极短；萼片5，反折；花瓣5，粉红或近白色；雄蕊多数；心皮1，有毛。核果球形，具纵沟，黄色或黄红色，核平滑。花期3-4月，果熟期6-7月。
❀ "绿杨烟外晓寒轻，红杏枝头春意闹"。杏花是五果闹春（桃、李、杏、梨、苹果）中最早开花的，满树醉粉繁雪，占尽春风；"杏坛""杏林春暖"的故事又为杏树增添吉祥美好寓意，是我国传统名树。果食用，种仁（杏仁）入药，有润肺止咳、平喘润肠之效。

192

樱桃
Cerasus pseudocerasus
樱属

落叶乔木。皮孔明显。叶卵状椭圆形，长6~15 cm，先端渐尖或尾尖，基部圆形，具尖锐重锯齿；叶柄有腺体2。伞房状花序，花2~6朵，先叶开放；萼筒及花梗有毛；花瓣白色，先端凹缺；雄蕊多数；心皮1，无毛。球形核果，红色。花期3-4月，果熟期6月。
❀ "浅浅红开料峭风，苦无妖色画难工"的樱桃是我国传统名树，花可赏，果可食；核仁入药，能发表透疹；根叶杀虫等。

193

日本晚樱
Cerasus serrulata var. *lannesiana*
樱属

山樱花的变种。落叶乔木。干皮浅灰色。叶倒卵形，长5~15 cm，先端渐尖或尾尖，缘有长芒状重锯齿，端具腺齿。伞房花序；花较大，粉红至白色，多重瓣，有香气；具叶状苞片。花期3-5月。
❀ 品种多，校园常栽牡丹晚樱'Botanzakura'：花粉红色，重瓣，幼叶古铜色。御衣黄'Gioiko'：花淡绿色，瓣中心有绿色线条，盛开后，渐变为红色，重瓣。

189

190

191

192

193

1 94

东京樱花
樱花、日本樱花
Cerasus yedoensis
樱属

落叶乔木。树皮灰色，皮孔明显。单叶互生，椭圆状卵形或倒卵形，长 5~12 cm，先端渐尖或骤尾尖，缘有细芒状尖锐重锯齿，背脉及叶柄有柔毛；柄有腺体 2。伞形或短总状花序，有花 4~6 朵；叶前开放，芳香；花梗及萼筒有毛，萼有细尖齿；花瓣 5，白色或粉红色，先端凹缺；心皮 1。果黑色。花期 3~4 月。

❀ 民谚"樱花七日"，一棵樱树花期也仅 16 天。日本民族喜欢樱花盛开时的执著和热烈，以及飘落时的孤高和壮烈，把骤开骤落的樱花与武士的人生观相联系，并将樱花奉为国花。中国自古偏爱寓意长寿、富贵吉祥的植物，对樱花纯粹是"小园新种红樱树，闲绕花枝便当游"的赏美心态，因而没有赋予樱花特定的文化内涵。

1 95

皱皮木瓜
贴梗海棠
Chaenomeles speciosa
木瓜属

落叶灌木。有枝刺。叶卵形至椭圆形，长 3~9 cm，先端急尖，缘有锐齿；托叶大，肾形或半圆形。花先叶开放，3~5 朵簇生；花梗短粗；萼片直立；花瓣 5，常猩红色。果实卵球形。花期 2~4 月。

❀ 花梗极短近贴枝而生，故名"贴梗海棠"。庭植观赏；果入药，能疏风活络，治风湿性关节炎。

1 96

日本木瓜
倭海棠、日本贴梗海棠
Chaenomeles japonica
木瓜属

落叶矮灌木，高不及 1 m。干多丛生，枝开展，有细刺。叶稍薄。花（与贴梗海棠极相似）3~5 朵簇生；紧贴枝上，花瓣 5，红和粉红色。果实球形，黄色。

❀ 原产日本，有白花、斑叶和平卧等品种。

1 97

木瓜
Chaenomeles sinensis
木瓜属

落叶小乔木。树皮斑状薄片剥落；枝无刺。单叶互生，卵状椭圆形，长 5~8 cm，具刺芒状尖锐锯齿。花单生叶腋，叶后开放，粉红色，径 2.5~4 cm；萼片反折；花瓣 5。梨果长椭圆形，暗黄色，芳香。

❀ 春花秋果，花果俱美，色香兼备，是我国观赏名木。果实入药，有解酒、祛痰、顺气、解痢之效。

1 98

山里红
Crataegus pinnatifida var. major
山楂属

落叶小乔木。有枝刺。单叶互生，宽卵形，长 5~10 cm，羽状浅裂，缘有尖锐重锯齿；托叶大。顶生伞房花序有柔毛，多花；花瓣 5，白色；雌蕊 3~5。梨果近球形，红色。花果期 5~10 月。

❀ 为山楂变种，但其叶、果较大。初夏满树繁花，秋季红果累累，为庭院观花观果树种。果可食；药用，治食积泄泻、高血压等。

1 99

蛇莓
Duchesnea indica
蛇莓属

多年生草本。具长匍匐茎，有柔毛。三出复叶；小叶片倒卵形至菱状卵形，缘有钝锯齿；托叶宽披针形。花单生叶腋，花瓣 5，黄色。聚合瘦果球形，红色。花果期 5~11 月。

❀ 全草药用，活血散瘀、收敛止血、清热解毒；亦作地被植物。

194

195

196

197

198

199

200

枇杷
Eriobotrya japonica
枇杷属

常绿小乔木。枝、叶背及花序密被锈毛。单叶互生，革质，长椭圆状倒披针形，长 12~30 cm，上部边缘疏生锯齿。圆锥花序；花瓣 5，白色，芳香。果近球形，橙黄色。花期 10-12 月，果期 5-6 月。
❁ 果供食；叶入药有化痰止咳之效；亦庭植观赏。

201

路边青
水杨梅
Geum aleppicum
路边青属

多年生草本。全株有毛。基生叶为大头羽状复叶，缘有大锯齿；茎生叶羽状复叶，顶生小叶披针形或倒卵状披针形。花单生茎端，花瓣 5，黄色，径 1~1.5 cm。聚合果球形，宿存花柱有钩刺。
❁ 根及茎可提取栲胶；全草入药，有行气止痛之效。

202

棣棠花
Kerria japonica
棣棠花属

落叶丛生灌木。小枝拱垂。叶卵形或三角状卵形，长 3~8 cm，尾尖，具重锯齿。花单生；金黄色，径 3~4.5 cm；花瓣 5。花期 4~6 月。
❁ 庭植的多为重瓣变型（f. *pleniflora*）。茎髓作通草代用品。

203

垂丝海棠
Malus halliana
苹果属

落叶小乔木。枝开展。叶卵形或狭卵形，长 4~8 cm，先端长渐尖，具圆钝细锯齿；叶柄紫红色。伞房花序有花 4~6 朵；花梗细长下垂，有毛；萼片紫红色，先端圆钝，与萼筒近等长；花瓣粉红色，5 数以上；花柱 4~5。果梨形或倒卵形，紫色，径 6~8 mm。花期 3~4 月。
❁ 因花丝得名，也因花丝"懒无力气仍春醉"而"垂丝别得一风光"。
☛本种和湖北海棠(*M. hupehensis*)区别在于后者叶缘具细锐锯齿；花梗无毛；花粉红至白色，有香气；萼片三角卵形，先端尖；花柱 3；果实椭圆或近球形，径约 1 cm。

204

山荆子
Malus baccata
苹果属

落叶乔木。小枝、花柄及萼外无毛。叶卵状椭圆形，长 3~8 cm，具细尖锯齿。伞形花序；花白色或淡粉红色，有香气；萼片披针形，长于萼筒；花柱 5 或 4。果球形，红或黄色，径 1 cm。花期 4~5 月。
❁ 优良的观赏树种和蜜源植物；也可作苹果、海棠类的嫁接砧木。

205

西府海棠
Malus × micromalus
苹果属

落叶小乔木。枝直立性强。单叶互生，椭圆形，长 5~10 cm，先端急尖或渐尖，缘有尖锐锯齿。花 4~7 朵生于枝端成伞形总状花序；花梗长 2~3 cm，有毛；花粉红色；萼片披针形，长于萼筒，均密生白柔毛；花柱 5。果近球形，红色，径 1~1.5 cm。花期 4~5 月。
❁ 唐朝锦江两岸的西府海棠，曾以"濯锦江头几万枝"的壮丽景色令人心醉神荡。海棠种类多，其中西府海棠、贴梗海棠、垂丝海棠和木瓜海棠合称"海棠四品"。海棠类花未开时别有韵致，"秾丽最宜新著雨，妖娆全在欲开时"；花开则"嫣然一笑竹篱间""绿肥红瘦""艳翠春销骨，妖红醉入肌"，被誉为"花中神仙"。

206

红叶石楠
Photinia × *fraseri*
石楠属

常绿大灌木。单叶互生，革质，长椭圆形至倒卵状椭圆形，长 5~15 cm，两端尖，缘有细锯齿。复伞房花序顶生；花瓣 5，白色。
❀ 为石楠和光叶石楠的杂交种。新叶鲜红，是目前常用的红叶树种。

207

美人梅
Prunus blireana
'Meiren'
李属

落叶小乔木。是以紫叶李为母本，宫粉梅为父本杂交而成。枝叶似紫叶李，叶卵圆形，长 5~9 cm。花似梅，径 2~4 cm，淡紫红色，半重瓣或重瓣，着花密集；花梗明显；同时具有梅花的抗寒性。花期 3-4 月。

208

紫叶李
红叶李
Prunus cerasifera
f. *atropurpurea*
李属

落叶小乔木。小枝暗红色，无毛。单叶互生，卵形，长 3~5 cm，有圆钝锯齿，紫红色。花常单生；花瓣 5，淡粉白色；叶前开花或与叶同放。果小，径约 1.2 cm，暗红色。花期 2-3 月。
❀ 常用的彩叶观花树种。原种樱桃李还有黑紫叶李 'Nigra' 和红叶李 'Newporti'（叶红色，花白色）等观叶品种。

209

李
Prunus salicina
李属

落叶乔木。小枝褐色，无毛。叶倒卵状椭圆形，长 3~7 cm，先端尖，缘有锯齿；叶柄有腺体 2~3。花常 3 朵簇生；先叶开放；萼筒钟状；花 5，白色；心皮 1，无毛。果球形，外被蜡粉。花期 3-4 月。
❀ "李花怒放一树白"、"碧空万里花如雪"。白花翠叶，素雅清新，是我国传统名树。"桃李无言，下自成蹊"也间接道出了其花可赏、果可食的实用价值。果亦药用，有活血祛痰、润肠利水之效。

210

火棘
救军粮、救兵粮
Pyracantha fortuneana
火棘属

常绿灌木。具枝刺。单叶互生，倒卵状长圆形，长 1.5~6 cm，先端圆钝或微凹，具短尖头，缘有钝锯齿。复伞房花序；花瓣 5，白色，径约 1 cm。果近球形，红色。花期 3~5 月，果期 8~11 月。
❀ 初夏白花繁密，秋冬果红如火，优良的观花观果植物。果可食。

211

沙梨
Pyrus pyrifolia
梨属

落叶乔木。单叶互生，卵状椭圆形，长 7~12 cm，先端长尖，基部圆形或近心形，缘有刺芒状锯齿。伞形总状花序，花 6~9 朵；花瓣 5，白色；花柱 5，离生，无毛。梨果近球形，褐色有浅色斑点，径 3~5 cm，无宿存萼。花期 4 月。果期 8 月。
❀ 白花繁多，冰姿玉骨，作庭院观花树种；也是著名水果。
☛ 本种与秋子梨（*P. ussuriensis*）区别在于后者叶具明显的刺芒锯齿、花柱基部具有疏毛、果上萼宿存；与杜梨（*P. betulifolia*）区别在于后者叶卵状菱形、花柱 2~3、果径 0.5~1 cm。

212

木香花
七里香、木香
Rosa banksiae
蔷薇属

常绿攀缘灌木。奇数羽状复叶；小叶 3~5，长椭圆状披针形，长 2~6 cm，缘有细锯齿；叶柄无毛。伞形花序；花多数，白色或淡黄色，单瓣或重瓣，芳香；萼片全缘。蔷薇果小，近球形。花期 4~7 月。
✿ "十里香风摇玉露"的木香花白如雪，色黄似锦，幽雅恬淡，是著名棚架香花植物。

213

黄木香花
Rosa banksiae f. *lutea*
蔷薇属

花多，黄色，重瓣，无香味，花期长。

214

月季花
月月红
Rosa chinensis
蔷薇属

落叶或半常绿直立灌木。小枝具钩状皮刺。奇数羽状复叶；小叶 3~5，卵状矩圆形，长 2~6 cm，缘有锐锯齿，顶生小叶片有柄，侧生者近无柄；托叶贴生于叶柄，缘有腺毛。花单生或伞房状，花径 4~6 cm；萼片羽裂状；花瓣重瓣，有紫、红、粉红和白等色，芳香。蔷薇果球形或梨形，红色。花期 4~10 月。
✿ "只道花无十日红，此花无日不春风"。月季花四季开放，花期长，品种多，而且"别有香超桃杏外，更同梅斗雪霜中"，是我国十大名花之一，被誉为"花中皇后"，也是世界四大切花之一。花及根、叶药用，有活血祛瘀、拔毒消肿之效；花可提芳香油。原种月季几无栽培，现在栽培的都是杂交种，称当代月季或现代月季，市场所售玫瑰花即为后者。

月季·苏轼（宋）
花落花开无间断，
春来春去不相关。
牡丹最贵惟春晚，
芍药虽繁只夏初。
惟有此花开不厌，
一年长占四时春。

215

金樱子
刺梨
Rosa laevigata
蔷薇属

常绿攀缘灌木。有钩状皮刺和刺毛。奇数羽状复叶；小叶 3，卵状长圆形，长 2.5~7 cm，缘有细齿，革质有光泽。花单生，径 5~9 cm，白色；花瓣 5。蔷薇果梨形，密生刺。花期 4~6 月，果期 7~11 月。
✿ 果药用，有强壮、收敛、镇咳和清热等功效。花芳香，大而美丽，暮春开放，具有较高的观赏价值。

216

野蔷薇
蔷薇
Rosa multiflora
蔷薇属

落叶灌木。枝细长上升或蔓生，有皮刺。羽状复叶；小叶 5~9，倒卵状圆形，长 1.5~3 cm，缘具锐锯齿，有柔毛；托叶篦齿状附着于叶柄上。伞房花序圆锥状，花多数；花梗有毛；花白色，芳香，径 2~3 cm；花柱靠合。蔷薇果球形至卵形。花期 5~6 月。
✿ "一架长条万朵春，嫩红深绿小窠匀"的蔷薇以明艳华美、繁英满缀、馨香醉人成为我国人民喜爱的传统名花。花、果及根入药，为泻下剂和利尿药，又能收敛活血、祛风活络；叶外用治肿毒。
☛ 蔷薇枝生扁平皮刺，小叶 5~9，有毛，托叶篦齿状，花柱合生伸出；月季茎枝散生钩状皮刺，小叶 3~5，表面平滑而有光泽，托叶缘具腺毛，花柱离生伸出；玫瑰（*R. rugosa*）枝密生刚毛和直刺，小叶 5~7，表面皱褶而无光泽，花柱不伸出。

蔷薇花·杜牧（唐）
朵朵精神叶叶柔，
雨晴香拂醉人头。
石家锦障依然在，
闲倚狂风夜不收。

212

213

214

215

216

217

七姊妹
Rosa multiflora var. *carnea*
蔷薇属

落叶或半常绿攀缘灌木。枝有皮刺。奇数羽状复叶；小叶 5~7（9），倒卵状椭圆形，缘有尖锯齿；托叶篦齿状。花单生或 6~9 朵组成扁伞房花序，花径 3~4 cm；花梗无毛；重瓣，深粉红色。果实近球形。

218

插田泡
Rubus coreanus
悬钩子属

落叶灌木。茎直立或弯曲成拱形。奇数羽状复叶；小叶 5~7，卵形至菱状卵形，长 3~6 cm，先端急尖，基部宽楔形，缘有锐锯齿。伞房花序；花萼 5，果时反折；花瓣 5，粉红色，径约 1 cm；花丝粉红色。聚合果卵形，红色至紫黑色。

🌼 果生食和酿酒，有补肾明目功效。

219

麻叶绣线菊
Spiraea cantoniensis
绣线菊属

落叶灌木。小枝拱形弯曲。单叶互生，菱状披针形至矩圆形，长 3~5 cm，先端急尖，中部以上具缺刻状锯齿，羽状叶脉。伞形花序顶生；花小，径 5~7 mm；花瓣 5，白色。花期 4~6 月。

🌼 庭院观花灌木。

220

粉花绣线菊
Spiraea japonica
绣线菊属

落叶灌木。叶长圆状披针形，长 2~8 cm，具重锯齿或单锯齿。复伞房花序顶生；花径 4~7 mm；花瓣 5，粉红色。蓇葖果。花期 5~7 月。

🌼 叶变异性强，栽培观赏或作花篱。

含羞草科　Mimosaceae

木本、稀草本。1 或 2 回羽状复叶，常互生。花两性，辐射对称，穗状或头状花序；萼片管状，5 齿裂；花瓣与萼齿同数，镊合状排列；雄蕊 5~10；子房上位，心皮 1。荚果。

221

银荆
鱼骨松
Acacia dealbata
金合欢属

常绿乔木。小枝有棱，被绒毛。2 回羽状复叶互生，羽片 8~20 对；小叶极小，线形，宽 0.4~0.5 mm，有毛，银灰色；总叶轴上每对羽片间有腺体 1。头状花序，径 6~7 mm，黄色，芳香，排成总状或圆锥状。荚果宽 7~10 mm，无毛，被白霜。花期 3~5 月。

🌼 羽叶雅致，花序醒目，作观赏、绿化、蜜源和鞣料树种。

🔹 本种和黑荆（*A. mearnsii*）区别在于后者叶轴上每对羽片间有腺体 1~2，小叶宽 0.8~1 mm，荚果宽 4~5 mm，被短柔毛，无白霜。

222

山槐
山合欢
Albizia kalkora
合欢属

落叶小乔木。2 回偶数羽状复叶，羽片 2~4 对，各羽片具小叶 5~14 对；小叶矩圆形，长 1.8~4 cm，先端急钝，基部不对称，中脉偏上缘，有毛，叶柄基部具腺体 1。头状花序 2~7 枚排成伞房状；花先白后黄；花冠 5 裂；花丝黄白色。荚果带状。花期 5~7 月。

🌼 木材耐水湿；花美丽，作风景树和绿化树。

223

银合欢
Leucaena leucocephala
银合欢属

小乔木。树冠平顶状。2 回偶数羽状复叶互生，羽片 4~8 对，小叶 5~15 对；小叶狭椭圆形，长 7~13 mm，中脉偏上缘。头状花序 1~3 个腋生；白色；花冠 5 齿裂。荚果薄带状。花期 4-7 月。

❁ 作造林树种或观赏树。

224

含羞草
Mimosa pudica
含羞草属

半灌木。2 回偶数羽状复叶，羽片 2~4 个指状排列；小叶矩圆形。头伏花序；粉红色；花冠裂片 4。荚果有刺毛。花期 5-10 月。

❁ 全草药用，能安神镇静，止血收敛、散瘀止痛。

苏木科　Caesalpiniaceae

木本。1 或 2 回羽状复叶或单叶。花两性，两侧对称，总状、穗状或聚伞花序，花瓣 5，离生，假蝶形花冠（旗瓣位于最内方）；雄蕊 10 或较少，分离或联合；子房上位，心皮 1。荚果。

225

红花羊蹄甲
紫荆花
Bauhinia × *blakeana*
羊蹄甲属

常绿乔木。树冠开展。单叶互生，近圆形，宽 15~20 cm，先端 2 裂，深达 1/4~1/3。总状花序，花径达 15 cm；花瓣 5，艳紫红色，有香气，近轴 1 片基部深紫红色；能育雄蕊 5，其中 3 枚较长。

❁ 本种是洋紫荆和羊蹄甲的杂交种，不结实。花期 10 月至翌年 3 月，为美丽的观赏树及庭荫树。香港特别行政区区花。

226

羊蹄甲
宫粉羊蹄甲
Bauhinia purpurea
羊蹄甲属

常绿乔木。单叶互生，近圆形，先端 2 裂深达 1/3~1/2。伞房花序；花大，花瓣倒披针形，玫瑰红色或白色；发育雄蕊 3~4。花期 9-11 月。

❁ 花大而美丽，庭植观赏。嫩叶治咳嗽；花芽可食。

☛ 本种和洋紫荆（*B. variegata*）、红花羊蹄甲主要区别为：本种能育雄蕊 3~4，花瓣较狭窄，具长柄；而洋紫荆和红花羊蹄甲能育雄蕊 5，花瓣较阔，具短柄；洋紫荆花序极短缩，花后能结果；而红花羊蹄甲总状花序开展，不结果。

227

云实
Caesalpinia decapetala
云实属

落叶攀缘灌木。茎枝密生钩刺。2 回偶数羽状复叶互生；羽片 3~10 对，对生；小叶 6~12 对，长圆形，长 1~2.5 cm，两端圆。圆锥花序顶生；花瓣 5，黄色。荚果，一边有窄翅。花期 4~6 月。

❁ 作篱垣。根、茎及果药用，发表散寒、活血散瘀，解毒杀虫。

228

紫荆
Cercis chinensis
紫荆属

落叶灌木或小乔木。单叶互生，近圆形，长 5~10 cm，先端急尖，基部心形，全缘。花先叶开放，4~6 朵簇生，紫红色；花冠假蝶形；雄蕊 10。荚果扁长形。花期 3-5 月。

❁ "杂英纷已积，含芳独暮春。还如故园树，忽忆故园人"。紫荆闻春绽放，满树嫣红，是故园亲情的代表植物，也是兄弟情浓、家庭和睦的象征。树皮、花梗为治疮疡要药。

223

224

225

226

227

228

229

皂荚
皂角
Gleditsia sinensis
皂荚属

落叶乔木。具分枝的枝刺。1 回偶数羽状复叶；小叶 3~7 对，卵状椭圆形，长 3~10 cm，缘有细锯齿。总状花序；花杂性，黄白色；花瓣 4。荚果带状，较肥厚。

✿ 树冠开阔，叶密荫浓，作庭荫树及绿化树。果实、枝刺入药，有祛痰通窍、镇咳利尿、消肿排脓、杀虫治癣之效。

230

双荚决明
金边黄槐
Senna bicapsularis
番泻决明属

常绿灌木。偶数羽状复叶；小叶 3~4 对，倒卵形或倒卵状长圆形，长 2.5~3.5 cm，基部偏斜；叶缘金黄色；第 1~2 对小叶间有腺体 1。总状花序集成伞房状；花鲜黄色，径 2 cm；花瓣 5；雄蕊 10，7 枚能育，其中 3 枚特大。荚果细圆柱形。花期 9 月至翌年 1 月。

✿ 花鲜艳繁茂，花期长，庭植观赏。

231

决明
假绿豆、草决明
Senna tora
番泻决明属

一年生半灌木状草本。偶数羽状复叶；小叶 6，倒卵形，长 2~6 cm，先端圆或有小尖头，基部偏斜；在叶轴上两小叶之间有一个腺休。花常 2 朵生于叶腋；花瓣 5，黄色，下面两个较大；能育雄蕊 7。荚果条形纤细。

✿ 种子药用，有清肝明目、润肠祛风、强壮利尿之效。

蝶形花科　Fabaceae

木本或草本。常羽状复叶互生；托叶明显，或呈刺状；叶枕发达。花两性，两侧对称；花萼 5 裂；花瓣 5，蝶形花冠（旗瓣位于最外方）；雄蕊 10，常为二体雄蕊，成 9+1 或 5+5 两组，也有连成单体雄蕊或全部分离；子房上位，心皮 1。荚果。

232

紫云英
Astragalus sinicus
黄耆属

一年生草本。奇数羽状复叶；小叶 7~13，宽椭圆形或倒卵形，长 5~20 mm，先端钝圆或微凹，基部楔形。总状花序密集呈伞形；花萼钟状；花冠紫色或黄白色。荚果条状矩圆形。

✿ 作绿肥、饲料和蜜源植物。

233

香花鸡血藤
香花崖豆藤
Callerya dielsiana
鸡血藤属

常绿木质藤本。奇数羽状复叶；小叶 5，椭圆形至披针形，长 4~10 cm，先端钝，基部圆形，中脉在背部隆起。圆锥花序顶生；萼钟状；花冠粉红色至紫色。荚果条形，近木质。花期 5~9 月。

✿ 作攀缘绿化材料。根入药，可舒筋活络之效。

234

翅荚香槐
Cladrastis platycarpa
香槐属

落叶乔木。奇数羽状复叶；小叶 7~9，互生，长椭圆形或卵状长圆形，长 4~10 cm，基部圆形，侧生小叶微偏斜。圆锥花序腋生；花冠白色，长 1.2~1.5 cm。荚果扁平，有窄翅。花果期 4~10 月。

✿ 绿化及用材树种；花序大，有芳香，也作观赏树。

235

金雀儿
Cytisus scoparius
金雀儿属

落叶灌木。枝丛生，分枝细长，具棱。三出复叶互生；小叶倒卵形至椭圆形，长 5~15 mm，全缘，背面有毛。总状花序；花蝶形，黄色，单生于叶腋。荚果扁平。花期 5~7 月。

✿ 常植于庭园观赏。

236

龙牙花
象牙红
Erythrina corallodendron
刺桐属

落叶小乔木。三小叶羽状复叶，小叶菱状卵形，长 4~10 cm，无毛，全缘；叶柄及叶轴有皮刺。总状花序腋生；花萼钟形，端部斜截形；花瓣 5，深红色，龙骨瓣明显长于翼瓣；二体雄蕊 (9+1)，短于或等于旗瓣。荚果圆柱形。花期 5~7 月。

✿ 绿叶扶疏，初夏花开，艳丽夺目，是美丽的观赏树种。树皮药用，具麻醉及镇静作用。

237

刺桐
Erythrina variegata
刺桐属

落叶乔木。枝有刺。三小叶羽状复叶；顶生小叶宽卵形或卵状三角形，长 8~15 cm，侧生小叶较狭；叶柄无刺。总状花序顶生；花萼佛焰苞状，深裂达基部；花冠红色，龙骨瓣和翼瓣近等长；二体雄蕊，长于旗瓣。荚果圆柱形，微弯曲。花期全年。

✿ "初见枝头万绿浓，忽惊火伞欲烧空"的刺桐因花开红似火的壮丽景象而常作行道树或庭植观赏。生长迅速，质脆易折，应加强安全管理。茎皮入药，有祛风湿、舒筋活络之效。

238

扁豆
Lablab purpureus
扁豆属

多年生缠绕藤本。三小叶羽状复叶；小叶宽三角状卵形，长 6~10 cm，侧生小叶两边不等大，偏斜。总状花序；花萼钟状，二唇形；花冠蝶形，白色或紫色。荚果长圆状镰形。

239

多叶羽扇豆
鲁冰花
Lupinus polyphyllus
羽扇豆属

多年生草本。掌状复叶；小叶 9~15，椭圆状披针形，长 4~10 cm，上面无毛；叶柄长。总状花序顶生，花多而稠密，互生；远长于复叶；萼二唇形，上唇具双齿尖，下唇较短，全缘；花冠蓝、红、青多色，旗瓣反折。荚果长圆形。花期 6~8 月。

✿ 叶形秀丽，花序美观而艳丽，宜布置花境、花坛或作切花。

☛ 本种与羽扇豆(*L. micranthus*)区别在于后者小叶 5~8 两面有毛；总状花序较短，长不超出复叶；萼下唇长于上唇，具裂片 3。

240

天蓝苜蓿
Medicago lupulina
苜宿属

一年生草本。三小叶羽状复叶；小叶宽倒卵形，长 5~20 mm，先端钝圆，微缺，基部宽楔形，有锯齿，顶生小叶较大。头状花序；花萼钟状；花瓣 5，黄色。荚果肾形，熟时黑色。

✿ 作牧草及绿肥；全草药用，治毒虫咬伤。

241

草木犀
Melilotus officinalis
草木犀属

草本，全草有香气。三小叶羽状复叶；小叶椭圆形，长 1.5~2.5 cm，先端圆，具短尖头，缘有疏齿。总状花序腋生；花瓣黄色，旗瓣与翼瓣近等长。荚果卵圆形。

✿ 作牧草或绿肥。

242

常春油麻藤
禾雀花
Mucuna sempervirens
黧豆属

常绿木质藤本。三小叶羽状复叶，薄革质有光泽，小叶卵状椭圆形或矩圆形，长 7~12 cm，侧生小叶基部斜形。总状花序，下垂，每节具 3 花，有臭味；花萼杯状；花瓣深紫色。荚果木质，条状。花期 4~5 月。

✿ 花盛开时形如成串的小雀，故名禾雀花。作棚架及垂直绿化材料。茎藤药用，有活血化瘀、通筋脉之效。

243

豌豆
Pisum sativum
豌豆

一年生攀缘草本。小叶 2~6，宽椭圆形，长 2~5 cm；叶轴顶端具羽状分枝卷须；托叶大，具细牙齿。花单生或数朵排成总状而腋生；花冠常白色；雄蕊 (9 + 1) 二组。荚果矩形；种子圆形，青绿色，干后变为黄色。

✿ 种子及嫩荚、嫩苗均可食用。

244

刺槐
洋槐
Robinia pseudoacacia
刺槐属

落叶乔木。干皮纵裂；枝具托叶刺。奇数羽状复叶，互生；小叶 7~19，椭圆形，长 2~5 cm，先端圆或微凹，具小尖头，基部圆形，全缘。总状花序腋生，下垂；花萼杯状；花冠白色，旗瓣有爪。荚果扁平，条状。花期 4~6 月。

✿ "怀璧深藏性高洁，浮尘难掩气清醇"。刺槐花繁芳香，生长快，作庭荫树、行道树和蜜源植物。嫩叶及花可食。

☛ 本种和国槐主要区别在于花序、花期和荚果不同（见 247）。

245

香花槐
Robinia pseudoacacia
'Idaho'
槐属

落叶乔木。枝有少量刺。羽状复叶，互生；叶柄基部有托叶刺；小叶椭圆形，比刺槐叶大，光滑，鲜绿色。总状花序腋生，下垂，花紫红至深粉红色，芳香。花期长。不结种子。

✿ 花大色艳，芳香，花期长，是很好的观花树种。

246

苦参
Sophora flavescens
槐属

灌木。奇数羽状复叶；小叶 25~29，披针形至条状披针形，长 3~4 cm，基部圆形，密被柔毛。总状花序顶生；花萼钟状；花冠白黄色，旗瓣匙形。荚果近串珠状。花期 6~8 月。

✿ 根入药，有清热燥湿、杀虫利尿之效；种子作农药。

247

槐
国槐
Sophora japonica
刺槐属

落叶乔木。奇数羽状复叶互生；小叶 7~17，对生或近对生，卵状椭圆形，长 2.5~5 cm，全缘。顶生圆锥花序；花冠蝶形，黄白色，旗瓣阔心形；雄蕊 10，离生。荚果近圆筒形，念珠状。花期 6~9 月。

❀ 树冠优美，枝叶茂密，花素雅清香，寿命长，作庭荫树、行道树及蜜源植物。花蕾（槐米）及荚果入药，有收敛止血、清肝火和降压之效。

248

龙爪槐
Sophora japonica f. *pendula*
刺槐属

为槐的变型。枝条扭转下垂，树冠伞形，颇为美观。常于庭园门旁对植或路边列植观赏。繁殖时以槐树作砧木进行高干嫁接。

249

白车轴草
白三叶、三叶草
Trifolium repens
车轴草属

多年生草本。茎匍匐。三小叶掌状复叶；小叶倒卵形或倒心形，长 1.2~2 cm，先端凹至钝圆，基部宽楔形，有细锯齿。头状花序；花冠乳黄或淡红色，有香气。荚果长圆形。花期 4~6 月。

❀ 优质的牧草及蜜源植物；亦常作地被植物。

❀ 人们赋予三叶草丰富的文化内涵。三片叶子分别代表信仰、希望和爱情，如果邂逅稀有的四叶草（four leaf clover），就能带来幸运幸福。所以人们心中期许着那一万分之一的幸运。由于寓意实在太美好了，以至于常态三小叶的酢浆草、红花酢浆草或苜蓿草的四小叶变异也都被认为是幸运草。

250

小巢菜
Vicia hirsuta
野豌豆属

一年生草本。茎细柔，攀缘或蔓生。偶数羽状复叶；顶端小叶成卷须，小叶 2~6 对，线形或长圆形，长 0.6~0.7 cm，先端平截，具短尖头。总状花序；花小，长仅 0.3 cm；花萼钟形；花冠白、淡蓝青或紫白色。荚果长圆形，密被棕褐色长硬毛。

❀ 为优良牧草，嫩叶可食；全草药用，有平胃、明目之效。

251

蚕豆
胡豆
Vicia faba
野豌豆属

一年生草本。偶数羽状复叶；小叶互生，椭圆形，长 4~6 cm，先端钝圆，全缘。总状花序腋生，总花梗极短，有花 2~6 朵簇生于叶腋；花冠白色，具紫色脉纹及黑色斑晕。荚果大而肥厚。

❀ 种子供食用；全株有止血利尿、解毒消肿之效。

252

救荒野豌豆
Vicia sativa
野豌豆属

一年或二年生草本。偶数羽状复叶，有卷须；小叶 8~16，长椭圆形或倒卵形，长 8~20 mm，先端截形，凹入，具短尖头，全缘。1~2 朵花生叶腋；花瓣 5，紫或红色。荚果条形，扁平。

❀ 作饲料及绿肥；嫩叶可食；全草有清热解毒、明耳目之效。

253

紫藤
Wisteria sinensis
紫藤属

落叶木质藤木。茎左旋。奇数羽状复叶，互生；小叶 7~13，卵状长椭圆形，长 4.5~8 cm，近无毛。总状花序，先叶或同放；花蝶形，堇紫色，芳香。荚果长条形，密被绒毛。花期 4~5 月。

❀ 古藤盘曲，繁花淡雅，摇曳生姿，为我国传统名花。自古就作棚架植物，营造"紫藤挂云木，花蔓宜阳春"的园林效果。亦作树桩盆景。茎皮和胃解毒、驱虫止吐泻；种子有防腐作用。

254

白花藤萝
Wisteria venusta
紫藤属

落叶藤本。茎左旋。奇数羽状复叶；小叶 9~13，椭圆状披针形，长 4~10 cm，基部圆形或近心形，两面有绢毛。总状花序下垂，花叶同放；花冠白色，微香。荚果倒披针形。花期 4~5 月。

❀ 棚架植物或作盆景。有紫花、重瓣等变种。

酢浆草科　Oxalidaceae

常草本。根茎、块茎常肉质或有地上茎。掌状、羽状复叶或单叶，全缘。花两性，辐射对称，单生或伞形花序；萼片 5；花瓣 5；雄蕊 10，5 长 5 短；子房上位，5 室。蒴果或浆果。

255

酢浆草
Oxalis corniculata
酢浆草属

草本。三出复叶互生；小叶倒心形，长 4~10 mm，先端凹。伞形花序；花瓣 5，长 6~8 mm，黄色。蒴果长圆柱形。花果期 3~9 月。

❀ 全草入药，有清热解毒、消肿散瘀之效。

256

红花酢浆草
三叶草
Oxalis corymbosa
酢浆草属

多年生草本。具球状鳞茎，无地上茎。掌状三出复叶基生；小叶扁圆状倒心形，长 1~4 cm，先端凹，基部宽楔形。伞形花序状；花瓣 5，长 1~2 cm，淡紫红色。蒴果角果状。花果期 3~11 月。

❀ 观花地被植物。全草入药，治跌打损伤。

257

三角紫叶酢浆草
Oxalis triangularis
酢浆草属

多年生草本。无地上茎。掌状三出复叶；叶宽倒三角形，长 1~4 cm，紫红色。伞形花序；花瓣 5，浅粉色。花果期 4~11 月。

❀ 叶常年紫红，犹如紫蝶飞舞，是理想的彩叶地被植物。

牻牛儿苗科　Geraniaceae

多草本。单叶或复叶，互生或对生；有托叶。花两性，辐射对称，单生或伞形花序；萼片 4~5；花瓣常 5，稀 4；雄蕊 10~15，外轮对瓣，具与花瓣互生的蜜腺 5；子房上位，3~5 室。蒴果常具喙，熟时从基部向上反卷开裂。

258

尼泊尔老鹳草
Geranium nepalense
老鹳草属

多年生草本。全株被毛。单叶对生，五角状肾形，基部心形，掌状 3~5 深裂，裂片菱形或卵形，具浅裂或缺刻。聚伞花序腋生，柄长 2~8 cm，每梗 2 花，少 1 花；花柄短于花序柄；花瓣 5，紫红色或粉红色，稍长于萼片。蒴果有毛。

❀ 全草入药，有强筋骨祛风湿、收敛止泻之效。

253

254

255

256

257

258

259

老鹳草
Geranium wilfordii
老鹳草属

多年生草本。单叶对生，肾状三角形，基部心形，3 深裂，中央裂片大，缘有粗锯齿或缺刻。花序腋生，柄长 2~3 cm，每梗 2 花；花柄几等于花序柄；花瓣 5，白色或淡红色，与萼片近等长。
✿ 全草药用，有祛风通络之效。

260

香叶天竺葵
驱蚊草
Pelargonium graveolens
天竺葵属

多年生草本。全株有香味；被柔毛。单叶互生，宽心脏形或近圆形，掌状 5~7 深裂，基部心形，缘有锯齿。伞形花序；萼片被长毛；花瓣 5，粉红色，有紫色脉，上面 2 枚较大。花期 5~7 月。
✿ 观赏；茎、叶可提芳香油。

261

天竺葵
洋绣球
Pelargonium hortorum
天竺葵属

多年生草本。茎肉质，密被柔毛，有鱼腥味。单叶互生，圆肾形，径 7~10 cm，基部心形，波状浅裂，上面有暗红色马蹄形环纹。伞形花序顶生；花瓣 5，红、粉红或白色。花期 5~10 月。
✿ 花色绚丽，花期长，盆栽观赏或配置花坛；匈牙利国花。

旱金莲科 Tropaeolaceae

肉质草本，多浆汁。单叶互生，盾状，具长柄。花两性，两侧对称；花萼 5，基部合生，有 1 萼片延长成距；花瓣 5 或少，异形；雄蕊 8，2 轮；子房上位，3 室，花柱 1。瘦果。

262

旱金莲
Tropaeolum majus
旱金莲属

蔓生草本。盾状叶近圆形，径 3~10 cm，具波状缺刻。花单生叶腋；萼距 1；花瓣 5，黄、桔红等色，径 2.5~6 cm。花期 6~10 月。
✿ 蔓茎缠绕，花叶俱美，宜盆栽或植于公园、山石、岸边观赏。花可食，具辛香。全草有清热解毒、养肝明目和提神的功效。

亚麻科 Linaceae

草本或灌木。单叶，多互生，全缘。花两性，4~5 数，辐射对称，聚伞花序或二歧聚伞花序；萼片分离，宿存；花瓣，常早落；雄蕊与花被同数或 2~4 倍之，花丝基部合生；子房上位，2~3 室。蒴果或核果。

263

石海椒
Reinwardtia indica
石海椒属

常绿小灌木。单叶互生，椭圆形或倒卵状椭圆形，长 2~8.8 cm，先端稍圆具小尖头，全缘或具圆钝齿。花单生于叶腋，或簇生枝顶；花径 2~5 cm；萼片 5；花瓣 5 或 4，黄色，分离，旋转排列；雄蕊 5。蒴果球形。花期 3~6 月。
✿ 花形轻盈、暖黄色明亮纯净，耐贫瘠，宜用于岩石园及垂直绿化。嫩枝、叶入药，有消炎解毒、清热利尿之效。

259

260

261

262

263

芸香科　Rutaceae

木本或草本，常具刺。复叶或单身复叶，有油腺点。花两性，辐射对称；萼片 4~5；花瓣 4~5，离生；外轮雄蕊对瓣；有花盘，子房上位，心皮 4~5，合生或离生。柑果、核果等。

264

臭节草
松风草
Boenninghausenia albiflora
石椒草属

多年生草本。有强烈气味；基部常木质，嫩枝中空。2~3 回奇数羽状复叶，薄纸质，倒卵形或椭圆形，长 1~2 cm，先端圆，有细腺点。伞形花序顶生；花瓣 4，白色；雄蕊 8。蒴果。
🌼 全草药用，散瘀杀虫；叶含芳香油。

265

金柑
金橘
Citrus japonica
柑橘属

常绿灌木或小乔木。有枝刺。叶卵状披针形或长椭圆形，长 5~11 cm；翼叶甚窄。花 1~3 朵腋生；小，白色，芳香，花瓣 5。柑果球形或椭圆形，橙黄至橙红色。花期 3-5 月，果期 10-12 月。
🌼 碧叶金丸，扶疏长荣，花果清香远溢，叶、花、果俱美。

266

柚
Citrus maxima
柑橘属

常绿小乔木。枝刺较大。单身复叶，卵状椭圆形，长 9~16 cm，有钝齿。花瓣 5，白色，长 1.5~2 cm；柱头膨大。柑果球形至梨形，横径 10 cm 以上，淡黄色。花期 4~5 月，果期 9~12 月。
🌼 叶、花和果皮含芳香油，入药有理气、化痰、消食之效。

267

柑橘
Citrus reticulata
柑橘属

常绿小乔木。有枝刺。单身复叶，卵形、披针形，长 4~6 cm，全缘或具钝齿。花 1~3 朵簇生叶腋；花萼 5~3 浅裂；花瓣 5，黄白色，长 1.5 cm。柑果扁球形，橙黄或橙红色。花果期 4-12 月。
🌼 著名水果；果皮能理气化痰，核仁及叶能活血散结、消肿。

268

枳
枸橘
Citrus trifoliata
枳属

落叶小乔木。枝绿色，有枝刺。三出复叶互生；小叶倒卵形至椭圆形，长 2.5~5 cm，先端圆且微凹，全缘或具钝齿。花瓣 5，长 1.8~3 cm，白色，芳香。柑果球形，橙黄色。花果期 5-11 月。
🌼 果（枳）药用，有舒肝止痛、破气消积、除痰镇咳之效。

269

九里香
Murraya exotica
九里香属

常绿灌木或小乔木。奇数羽状复叶互生；小叶 5~7，卵形或倒卵状椭圆形，中部以上最宽，长 2~8 cm，先端钝尖，一侧略偏斜，全缘。聚伞花序；花瓣 5，长 1~1.5 cm，白色，芳香。果朱红色，近球形。
🌼 四季常青，花洁白芳香，朱果耀目，庭植观赏或作盆景材料。
🖝 本种和千里香（*M. paniculata*）区别在于后者小叶 3~5，稀 7，中部以下最宽，先端长渐尖；花瓣长达 2 cm；果实椭圆形。

264

265

266

267

268

269

270

川黄檗
黄皮树
Phellodendron chinense
黄檗属

落叶乔木。树内皮黄色。奇数羽状复叶对生；小叶 7~15，长圆状披针形或卵状椭圆形，长 8~15 cm，全缘或浅波状，有毛。花单性异株，圆锥花序顶生；花瓣 5~8，白色。球形核果，蓝黑色。
✿ 树皮有清热泻火、消炎杀菌之效，亦作染料。国家 II 级保护植物。

271

竹叶花椒
Zanthoxylum armatum
花椒属

落叶灌木或小乔木。具皮刺。奇数羽状复叶；叶轴、叶柄具翅；小叶 3~9，对生，披针形或椭圆状披针形，疏生浅齿或近全缘。聚伞状圆锥花序；花瓣 5~8，淡黄色。蓇葖果紫红色。
✿ 果作调味香料及防腐剂；全株药用，可散寒止痛、消肿和杀虫。

苦木科　Simaroubaceae
　　木本。羽状复叶常互生。花两性、单性或杂性，辐射对称，圆锥、总状或聚伞花序腋生；萼片 3~5；花瓣 3~5，分离；雄蕊与花瓣同数或 2 倍；子房上位，2~5 室。核果、蒴果或翅果。

272

臭椿
Ailanthus altissima
臭椿属

落叶乔木。树皮平滑。奇数羽状复叶；小叶 13~25，卵状披针形，长 7~12 cm，近基部有粗齿，齿背有腺体，基部平截。圆锥花序顶生；花杂性，淡绿色；花瓣 5。翅果扁平。
✿ 我国传统名树。树皮、根皮、果实有清热利湿、收敛止痢之效。

273

苦树
苦木
Picrasma quassioides
苦树属

落叶乔木。全株有苦味。奇数羽状复叶互生；小叶 9~15，卵状椭圆形，长 4~10 cm，有锯齿，基部偏斜。花单性异株；复聚伞花序；花瓣 4~5，黄绿色。核果倒卵形，3~4 个并生，萼宿存。
✿ 根皮极苦，入药能杀虫治疥或作农药。

楝科　Meliaceae
　　木本。羽状复叶互生；小叶全缘。花两性或杂性异株，辐射对称，圆锥花序；常 5 基数；花瓣与萼片同数；雄蕊花丝合生成一管；子房上位，2~5 室。蒴果、浆果或核果。

274

米仔兰
米兰、鱼子兰
Aglaia odorata
米仔兰属

常绿灌木。单数羽状复叶互生；叶轴有狭翅；小叶 3~5，对生，倒卵形椭圆形，长 2~7 cm，全缘。圆锥花序腋生；花小而多，杂性异株；黄色，极香；花瓣 5。浆果，近球形。花期 5~10 月。
✿ 花入药，可行气解郁，或供熏茶或提取芳香油。

275

楝
楝树、苦楝、川楝
Melia azedarach
楝属

落叶乔木。2~3 回奇数羽状复叶互生；小叶卵形至椭圆形，长 3~7 cm，有齿或全缘。圆锥花序；花瓣 5，倒披针形，紫或淡紫色，长约 1 cm。核果近球形，淡黄色，径 1~3 cm。花期 4~5 月。
✿ "一蓓数花，满树可观" "紫丝晕粉缀鲜花，绿罗布叶攒飞霞"的楝树是花叶俱美的观赏名树。叶和果具杀虫作用。

270

271

272

273

274

275

276

香椿
Toona sinensis
香椿属

落叶乔木。树皮浅纵裂。偶数羽状复叶互生；小叶 10~22，长椭圆状披针形，长 8~15 cm，有特殊气味。圆锥花序顶生；花瓣 5，白色，芳香；雄蕊 10（5 枚退化）。蒴果狭椭圆形，5 瓣裂。

♻ 绿化树种。嫩叶食用；根皮及果入药，有收敛止血、去湿止痛之效。

大戟科 Euphorbiaceae

木本或草本，常具白色乳汁。单叶互生；有托叶。花单性同株或异株，多为聚伞、总状或杯状花序；常具花盘；单被花；萼片 3~5；雄蕊 1 至多数；子房上位，3 室。多蒴果。

277

铁苋菜
海蚌含珠
Acalypha australis
铁苋菜属

一年生草本。单叶互生，椭圆状披针形，长 2.5~8 cm，基部 3 出脉。穗状花序腋生，具叶状总苞，合时如蚌；花单性，雌雄同序，无花瓣；雌花萼片 3，雄花萼片 4；雄蕊 8。蒴果钝三棱形。

♻ 全草有清热解毒、利水消肿、治痢止泻之效。

278

秋枫
Bischofia javanica
秋枫属

常绿乔木。树皮光滑。三出复叶互生；小叶卵形或长椭圆形，长 7~15 cm，基部宽楔形，缘具稀疏粗钝锯齿（2~3 个 /cm），厚纸质。雌雄异株，圆锥花序腋生；无花瓣及花盘；萼片 5，离生；雄蕊与萼同数对生；雌花具花柱 3~4。浆果球形，径 8~15 mm。

♻ 作庭荫树、行道树及堤岸树。根可治风湿骨痛、痢疾等。

☛ 本种与重阳木（*B. polyearpa*）的区别在于后者为落叶乔木；树皮纵裂；小叶纸质，基部圆或浅心形，叶缘锯齿较密（4~5 个 /cm）；总状花序；花柱 2~3；果径 5~7 mm。

279

变叶木
Codiaeum variegatum
变叶木属

灌木或小乔木。叶形、叶色变异大，披针形、条形和椭圆形，长 8~30 cm，全缘或分裂，质厚，常具各色斑纹。总状花序腋生；花小，单性同株，雄花瓣 5，白色；雌花无瓣。著名的观叶植物。

280

粗糠树
Ehretia dicksonii
厚壳树属

落叶乔木。单叶互生，宽椭圆形、卵形或倒卵形，长 8~25 cm，先端尖，基部宽楔形，有锯齿，上面被硬毛，极粗糙，下被柔毛。伞房状或圆锥状聚伞花序顶生；花萼 5 裂至近中部；花冠筒状钟形，5 裂，白色，芳香，长 8~10 mm。核果近球形，黄色。

281

泽漆
五朵云
Euphorbia helioscopia
大戟属

草本。具乳汁。单叶互生，倒卵形或匙形，长 1~3 cm，先端钝圆或微凹缺，基部宽楔形，中部以上有细锯齿。总苞叶 5；多歧聚伞花序顶生，总伞梗 5；杯状花序钟形，顶端 4 浅裂，裂间腺体 4，盘状；雌花 1，雄花多数；花柱 3。蒴果三棱状阔圆形。

♻ 全草有清热祛痰、利尿消肿、杀虫止痒之效。

276

277

280

279

278

281

282

地锦
地锦草
Euphorbia humifusa
大戟属

一年生草本。茎匍匐，无毛，带紫红色。单叶对生，矩圆形，长 5~10 mm，先端钝圆，基部偏斜，有细锯齿。杯状花序单生叶腋；总苞倒圆锥形，4 裂；腺体 4，边缘具淡红色附属物。蒴果。

✿ 全草有清热解毒、利尿通乳、止血及杀虫之效。

☛ 与斑地锦（*E. maculata*）区别在于后者茎被毛，叶有紫色斑点。

283

甘遂
Euphorbia kansui
大戟属

多年生草本。具乳汁；根圆柱状。单叶互生，条状披针形或披针形，先端钝或具短尖头，全缘；近无柄。总苞叶 3~6；花序单生二歧分枝顶端，基部 2 个三角状卵形苞叶；杯状花序总苞钟状，顶端 4 裂，腺体 4，新月形，黄色；花单性，无花被；雄花多数，伸出总苞；雌花 1。蒴果近球形；花柱宿存。

✿ 根入药，主治水肿、利尿，但全株有毒，宜慎用。

284

铁海棠
虎刺梅
Euphorbia milii
大戟属

直立或攀缘状灌木。茎密生锥状刺，成 5 行排列在茎的纵棱上。单叶互生，倒卵形或长圆状匙形，长 3~5 cm，先端圆，全缘；无柄。杯状花序每 2~4 个生于枝端；总苞钟形，顶端 5 裂，腺体 5；总苞基部具 2 个鲜红色肾圆形苞片。蒴果扁球形。

✿ 栽培观赏。全株外敷可治瘀痛、骨折及恶疮。

285

一品红
Euphorbia pulcherrima
大戟属

落叶灌木。单叶互生，卵状椭圆形至披针形，长 7~15 cm，全缘或浅波状；苞叶朱红色。花单性，无花瓣，聚伞排列于枝顶；雄花多数，雌花 1；总苞坛状，齿状 5 裂，黄色腺体 1~2，两唇状。蒴果三棱状圆形。花期 10 月至翌年 4 月。

✿ 观叶植物。茎、叶入药能消肿，治跌打损伤。

286

一叶萩
叶底珠
Flueggea suffruticosa
白饭树属

落叶灌木。单叶互生，长圆形至椭圆形，长 1.4~4 cm，全缘或细波状缘。花小，单性异株；簇生叶腋，萼片 5，黄绿色，无花瓣；雄花雄蕊 5；雌花柱 3 裂。蒴果三棱状扁球形，红褐色。

✿ 花叶药用，能兴奋中枢神经系统。

287

蓖麻
Ricinus communis
蓖麻属

小乔木。幼嫩部分被白粉。单叶互生，圆形，盾状着生，径 15~60 cm，掌状 5~11 裂，有齿。花单性同株，无花瓣；圆锥花序与叶对生，下部雄花，上部雌花；雄花萼片 3~5 裂；雌花萼片 5，花柱 3，深红色。蒴果球形，具软刺。

✿ 种子有毒；可提取蓖麻油，工业上用途广，医药上作缓泻剂。

282

283

284

285

286

287

288

乌桕
Triadica sebifera
乌桕属

落叶乔木。单叶互生，菱状广卵形，长 5~9cm，全缘；叶柄端有腺体 2。穗状花序顶生；花小，黄绿色，单性同株同序，无花瓣及花盘；花萼 3 裂；雌花基部具腺体。蒴果三棱状球形。

黄杨科　Buxaceae

　常绿木本。单叶常对生。总状或穗状花序；花小，单性，同株或异株，辐射对称；无花瓣；花萼 4 或 6 裂；雄蕊对萼；子房上位，3 室，花柱 3，宿存。蒴果或核果。

289

雀舌黄杨
Buxus bodinieri
黄杨属

常绿灌木。叶对生，革质光亮，匙形至倒卵状长椭圆形，长 2~4cm，先端圆钝，有凹口或小尖头，基部狭长楔形，侧脉明显。花小，单性，头状花序腋生；雌花萼 6，雄花萼 4。蒴果卵形。

290

黄杨
瓜子黄杨
Buxus sinica
黄杨属

常绿灌木。叶革质光亮，倒卵状椭圆形至广卵形，长 1.3~3.5cm，先端圆钝有凹口。花黄绿色，簇生；萼片 6 或 4。蒴果近球形。
❀ 作绿篱。木材黄白色，极致密，作雕刻及制梳等细木工用材。

马桑科　Coriariaceae

　常为木本。单叶，对生或轮生，全缘。花小，两性或单性，辐射对称，单生或为总状花序；萼片 5，覆瓦状排列；花瓣 5，肉质，宿存；雄蕊 10；子房上位。浆果状瘦果。

291

马桑
Coriaria nepalensis
马桑属

落叶灌木。小枝 4 棱或成窄翅。单叶对生，椭圆或宽椭圆形，先端急尖，基部圆；叶柄紫色。花小，杂性；腋生总状花序下垂；花瓣 5。果球形，熟时紫黑色。全株有毒。

漆树科　Anacardiaceae

　木本。含树脂。单叶、掌状 3 小叶或奇数羽状复叶，互生。花小，两性、单性或杂性，整齐，多圆锥花序；花瓣 3~5；花萼 3~5 深裂；雄蕊 5~12。子房上位，心皮 5~10。核果。

292

南酸枣
Choerospondias axillaris
南酸枣属

落叶乔木。奇数羽状复叶互生；小叶 7~15 对，长卵状披针形，长 4~14 cm，基部偏斜，全缘或具粗齿。花杂性；雄花和假两性花成聚伞圆锥花序；紫红色；雌花单生，花瓣 5。核果椭圆形，黄色。
❀ 作庭荫树和行道树。果可食；树皮和果消炎解毒、止血止痛。

293

清香木
Pistacia weinmanniifolia
黄连木属

常绿灌木。偶数羽状复叶互生；叶轴具翅；小叶革质，长椭圆形，长 2~4 cm，全缘。圆锥花序；花小，单性，紫红色；无花瓣。
❀ 作绿篱或盆栽观赏；叶和树皮有消炎解毒、收敛止泻之效。

288

289

290

291

292

293

294

盐肤木
Rhus chinensis
盐肤木属

落叶小乔木。植株常被柔毛。奇数羽状复叶互生；叶轴及叶柄具翅；小叶7~13，卵状椭圆形，长5~12 cm，有粗齿。圆锥花序顶生；花小，黄白色；萼片、花瓣各5。核果扁球形，红色。

❀ 枝叶经五倍子蚜虫刺激形成五倍子（虫瘿），供提取单宁及药用。

冬青科 Aquifoliaceae

木本。单叶，常互生。花小，单性异株，辐射对称，单生或成聚伞花序生于叶腋；花萼4~8裂；花瓣4~8；雄蕊与花瓣同数互生；子房上位，心皮2~5，合生，2至多室。浆果状核果。

295

构骨
猫儿刺
Ilex cornuta
冬青属

常绿灌木或小乔木。单叶互生，硬革质，矩圆状四方形，长4~8 cm，有硬刺齿，基部平截，全缘。花单性雌雄异株，簇生于叶腋；花小，4数，黄绿色。核果球形，鲜红色。

❀ 优良观叶赏果树种。叶、果是滋补强壮药；种子油可制肥皂。

卫矛科 Celastraceae

木本或藤本，常攀缘状。单叶对生或互生。花常两性，稀单性，杂性同株，辐射对称，单生或排成聚伞、总状花序；花萼4~5裂；花瓣4~5；雄蕊与花瓣同数而互生于花盘上；子房上位，2~5室，稀1室。蒴果、浆果或翅果；种子常有假种皮。

296

西南卫矛
Euonymus hamiltonianus
卫矛属

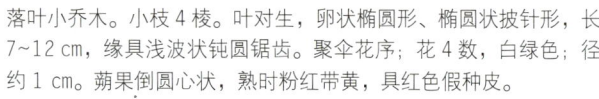

落叶小乔木。小枝4棱。叶对生，卵状椭圆形、椭圆状披针形，长7~12 cm，缘具浅波状钝圆锯齿。聚伞花序；花4数，白绿色；径约1 cm。蒴果倒圆心状，熟时粉红带黄，具红色假种皮。

❀ 绿化观赏树种。根、果能祛风湿，强筋骨。

297

冬青卫矛
大叶黄杨、冬青
Euonymus japonicus
卫矛属

常绿灌木或小乔木。小枝4棱。单叶对生，革质有光泽，倒卵形或长椭圆形，长3~6 cm，先端圆钝，具浅细钝齿。聚伞花序腋生，二歧分枝；花4数，白绿色，径约7 mm；花盘肥大。蒴果淡红色，近球形，假种皮桔红色。

298

金边黄杨
Euonymus japonicus
var. *aurea~marginatus*
卫矛属

冬青卫矛的变种。叶边缘金黄色，或表面深绿色，有黄、白斑纹。

❀ 本种和冬青卫矛常庭植观赏或作绿篱及片植。

299

白杜
丝棉木
Euonymus maackii
卫矛属

落叶小乔木。单叶对生，菱状至卵状椭圆形，长4~8 cm，先端长渐尖，基部宽楔形，有细锯齿。聚伞花序腋生；花4数，淡白绿或黄绿色；花药紫红色。蒴果，4浅裂，假种皮橙红色。

❀ 绿化及观赏树。木材供雕刻；树皮与根入药，治腰膝痛。

294

295

296

297

298

299

槭树科　Aceraceae

木本。单叶，全缘或掌状分裂，或羽状复叶，对生。花两性或单性，辐射对称，伞形、总状或圆锥等花序；萼片、花瓣各 4~5，或缺；花盘肉质；雄蕊常 8；子房上位，2 室。双翅果。

300

三角槭
三角枫
Acer buergerianum
槭属

落叶乔木。叶卵形或倒卵形，3 浅裂，先端短渐尖，基部圆，全缘或上部疏生锯齿；掌状三出脉。伞房花序顶生；花瓣 5，黄绿色。小坚果凸出，翅张开成锐角或直立。
✿ 较耐水湿，耐修剪，宜作庭荫树、行道树和绿篱等。

301

鸡爪槭
Acer palmatum
槭属

落叶小乔木。叶近圆形，基部心形，掌状 5~9 深裂，裂片卵状披针形，有齿。伞房花序顶生；花瓣 5，紫色。翅果紫红至棕黄色。
✿ 树姿优美，叶形秀丽，春、秋叶红色，为优良观叶观果树种。

302

红枫
Acer palmatum
'Atropurpureum'
槭属

鸡爪槭栽培品种。叶常年红或紫红色，5~7 深裂；枝也常紫红色。
✿ 我国传统名树。常庭植供领略"十月霜叶红似火""霜叶红于二月花"的诗情画意，此外也可制作成桩景，风雅别致。

无患子科　Sapindaceae

木本。叶互生，常羽状或掌状复叶。花单性、杂性或两性，辐射或两侧对称，总状或圆锥花序；花萼、花瓣各 4~5，瓣稀缺；花盘发达；雄蕊 8~10；子房上位，常 3 室。蒴果，稀浆果。

303

复羽叶栾树
Koelreuteria bipinnata
栾树属

落叶乔木。2 回奇数羽状复叶互生；小叶 9~15，斜卵形，长 4.5~7 cm，先端短尖，基部宽楔形或圆形，有锯齿或近全缘。圆锥花序顶生；两侧对称；萼 5 裂达中部；花瓣 4，黄色。蒴果卵形，3 瓣裂，淡紫红色至褐色。果期 5~9 月。
✿ 春夏满树金黄，秋日蒴果膨大，红色美丽，作庭荫树及行道树。花清肝明目，清热止咳，又为黄色染料；种子可制作佛珠。

凤仙花科　Balsaminaceae

肉质草本。单叶互生或对生。花两性，两侧对称，单生或排成近假伞形花序；萼片 3，不相等，下萼成后弯距；花瓣 5；雄蕊 5；子房上位，心皮 4~5，4~5 室。蒴果肉质，6 瓣裂。

304

凤仙花
指甲花、急性子
Impatiens balsamina
凤仙花属

一年生草本。茎肉质。叶互生，披针形，长 4~12 cm，有锯齿。花单生或簇生；单瓣或重瓣，颜色丰富。蒴果纺锤形。花期 5~9 月。
✿ "香红嫩绿正开时，冷蝶饥蜂两不知"。此际最宜何处看，朝阳初上碧梧枝"。我国传统名花，花型宛如飞凤，有凤凰化身、瑞祥之意；民间以花染甲。果实成熟后自然开裂而将种子弹射出去，故名为"急性子"。茎及种子入药，有活血散瘀、软坚消积之效。

300

301

302

303

304

305

苏丹凤仙花
非洲凤仙花、玻璃翠
Impatiens walleriana
凤仙花属

多年生肉质草本。叶互生，宽椭圆形或卵形，长 4~12 cm，缘具小齿。花 1~2 朵腋生；大小及颜色多变；下萼成内弯细距；花瓣 5，旗瓣宽倒心形或倒卵形。蒴果，纺锤形。花期 6~10 月。
❀ 园艺品种丰富，宜配置花坛、花境或作吊盆观赏。

鼠李科　Rhamnaceae

木本或藤本。常具刺。单叶常互生；有托叶。花小，两性或单性异株，辐射对称，各式花序；萼 4~5 裂；花瓣 4~5 或无；雄蕊对瓣生；有花盘；子房上位至下位，2~4 室。核果或蒴果。

306

枣
Ziziphus jujuba
枣属

小乔木。叶椭圆至卵状披针形，长 3~6 cm，3 出脉，有细锯齿。聚伞花序腋生；花小，黄绿色，花瓣 5。核果椭球形，红褐色。
❀ 果有滋补强身、健脾养胃之效。材质坚硬致密，供雕刻等用。

葡萄科　Vitaceae

藤本。茎卷须与叶对生。单叶或复叶，互生；有托叶。花两性或单性，辐射对称，圆锥或聚伞花序；萼片 4~5；花瓣 4~5；雄蕊对瓣生；有花盘；子房上位，心皮 2，2 室。浆果。

307

乌蔹莓
Cayratia japonica
乌蔹莓属

草质藤本。鸟足状 5 小叶复叶；叶椭圆状卵形，长 2.5~7 cm，中间小叶大。聚伞花序腋生；花小，花瓣 4，黄绿色。浆果卵形，黑色。
❀ 全草入药，有凉血解毒、利尿消肿之效。

308

地锦
爬山虎
Parthenocissus tricuspidata
地锦属

落叶木质藤本。卷须有吸盘。叶宽卵形，长 10~15 cm，3 浅裂，有粗锯齿；幼叶 3 全裂。聚伞花序；5 基数。球形浆果蓝色。
❀ 垂直绿化材料。根、茎入药能破瘀血、消肿毒；果可酿酒。
☛ 与三叶地锦（*P. semicordata*）的区别在于后者为 3 小叶复叶。

309

葡萄
Vitis vinifera
葡萄属

落叶木质藤本。卷须 2 叉分枝。单叶互生，卵圆形，长 7~20 cm，3~5 掌裂，有锯齿。花小，黄绿色；圆锥花序与叶对生；5 基数。浆果球形或椭圆形，熟时紫红色，被白粉。
❀ 经济植物，果生食、酿酒或制葡萄干；根叶止呕、安胎。

杜英科　Elaeocarpaceae

木本。单叶互生或对生；有托叶。花常两性，总状或圆锥花序；萼片 4~5；瓣与萼同数或缺，顶端常撕裂状；雄蕊多数，生于花盘；子房上位，2 至多室。核果、浆果或蒴果。

310

杜英
Elaeocarpus decipiens
杜英属

常绿乔木。干皮不裂。叶互生，革质，披针形或倒披针形，长 7~12 cm，有浅齿。总状花序；花白色，先端撕裂。核果椭圆形。
❀ 绿叶中有少量鲜红老叶，颇为美观，作绿化及观赏树种。

锦葵科　Malvaceae

木本或草本。常被星状毛，茎皮富纤维，具黏液。单叶互生，掌状脉；有托叶。花两性，辐射对称，簇生或为聚伞花序；萼片 5，基部合生，外有副萼；花瓣 5，旋转状排列；单体雄蕊；子房上位，2 至多室。蒴果或分果。

311

黄蜀葵
Abelmoschus manihot
秋葵属

多年生草本。全株被硬毛。单叶互生，近圆形，掌状 5~9 深裂，裂片长圆状披针形，缘具粗钝锯齿。花大，单生于叶腋和枝端；花瓣 5，淡黄色，具紫心。蒴果卵状椭圆形。花期 8~10 月。

✿ 花观赏或食用；茎皮纤维可代麻；全株有清热凉血之效。

☛ 与黄秋葵（咖啡黄葵）（*A. esculentus*）的区别在于后者叶掌状 3~7 深裂或中裂，裂片宽或狭；蒴果筒状尖塔形，可食用。

312

红萼苘麻
蔓性风铃花
Abutilon megapotamicum
苘麻属

常绿蔓生藤本。单叶互生，心形，长 5~10 cm，缘有钝齿或分裂。花生于叶腋，具长梗，下垂；花萼钟状，红色，半套着黄色花瓣；花瓣 5；雄蕊柱伸出花瓣，棕色。

✿ 枝蔓柔软，花朵奇特，迎风摇曳，动感飘逸，宜作吊盆观赏。

313

金铃花
纹瓣悬铃花、灯笼花
Abutilon pictum
苘麻属

常绿灌木。叶掌状 3~5 裂，长 8~14 cm，基部心形；裂片卵形，先端长渐尖，有锯齿或粗齿。花单生叶腋，钟形下垂；花萼 5 裂；花瓣 5，桔黄色，具紫色条纹，柱头突出雄蕊柱外。花期 5~10 月。

✿ 花形似风铃，花期长，花色艳丽，作花篱或庭植观赏。

314

苘麻
磨盘草
Abutilon theophrasti
苘麻属

一年生草本。被柔毛。单叶互生，圆心形，长 5~10 cm，先端长渐尖，具细圆锯齿。花单生叶腋；花萼杯状，5 裂；花瓣倒卵形，黄色；心皮 15~20，排列成轮状。蒴果半球形。

✿ 茎皮纤维供纺织；种子油供制皂、油漆；种子药用，作利尿剂。

315

蜀葵
一丈红、棋盘花
Alcea rosea
蜀葵属

二年生草本。茎直立，不分枝。叶近圆心形，掌状 5~7 浅裂，径 6~15 cm，有齿。花单生叶腋，径 6~9 cm，具叶状苞片；颜色丰富，单瓣或重瓣；花瓣倒卵状三角形。果盘状。花期 6~8 月。

✿ 花多为红色，高可达丈许，故名 "一丈红"。花 "开如绣锦夺目"，"箭茎条条直射，琼花朵朵相继"，是常用的观花植物。全草入药，清热止血、消肿解毒。

316

朱槿
扶桑、大红花
Hibiscus rosa-sinensis
木槿属

常绿灌木。单叶互生，宽卵形或狭卵形，长 4~9 cm，缘有粗齿或缺刻。花单生叶腋，常下垂；花梗长；萼钟形；花冠漏斗形，径 6~10 cm，花瓣 5，或重瓣，玫瑰红、淡红或淡黄等色；雄蕊超出花冠外。蒴果卵圆形。花期全年。

✿ 花大色艳，四季常开，庭植观赏或作绿篱。

311

312

313

314

315

316

317

木芙蓉
芙蓉花
Hibiscus mutabilis
木槿属

落叶灌木或小乔木。小枝密生绒毛。叶宽卵形至卵圆状心形，径约10~15 cm，掌状 5~7 裂，裂片三角形，有钝齿。花大，单生叶腋；花瓣 5，或重瓣，白至红色。蒴果扁球形。花期 8~10 月。

❀ "溪边野芙蓉，花水相媚好" "袅袅芙蓉风，池光弄花影" 道出了木芙蓉的近水习性。芙蓉花朝开暮闭，初开时白色或浅红色，中午颜色渐深，至下午转为 "花房腻似红莲朵，艳色鲜如紫牡丹" 的深红色，故有 "三醉芙蓉" 的美称，是我国传统名花，成都市市花。花、叶及根皮有清热凉血、消肿解毒之效。

318

木槿
Hibiscus syriacus
木槿属

落叶灌木。单叶互生，菱状卵圆形，长 3~6 cm，常 3 裂，缘具粗齿或缺刻；基出 3 脉。花单生叶腋；萼钟形，5 裂；花冠钟形，淡紫、白、红等色，径约 5~6 cm。蒴果卵圆形。花期 6~10 月。

❀ 花大、品种多，单花朝开暮落，但整体花期长。木槿花 "炎天众芳凋，而此独凌铄" "不将桃李共争春" 的品格，深受人们喜爱，是我国传统名花，韩国国花。茎皮入药，治癣疮。

319

紫花重瓣木槿
Hibiscus syriacus
var. *violaceus*
木槿属

为木槿的变型。花青紫色，重瓣。常植为花篱或庭植观赏。

320

三月花葵
裂叶花葵
Lavatera trimestris
花葵属

一年生草本。全株被柔毛。单叶互生，肾形，上部叶卵形，常 3~5 裂，长 2~5 cm，缘具锯齿或牙齿。花单生叶腋；花冠淡紫至紫色，径约 6 cm；花瓣 5，倒卵形，顶端圆，有皱褶。花期 4~8 月。

❀ 花大色艳，栽植观赏。

321

冬葵
冬寒菜、冬苋菜
Malva verticillata
var. *crispa*
锦葵属

一年生草本。单叶互生，近圆形，常 5~7 裂或角裂，径 5~8 cm，基部心形，裂片三角状圆形，缘具锯齿，无毛至被糙伏毛。花小，径约 6 mm；单生或数朵簇生于叶腋；花萼浅杯状，5 裂；花瓣 5，白或淡紫红色。果扁球形。

❀ 供蔬食。

322

锦葵
Malva cathayensis
锦葵属

二年生草本。茎被毛。单叶互生，圆心形或肾形，径 7~13 cm，5~7 钝圆浅裂，缘具钝齿。花紫红色，径 3~5 cm，簇生叶腋，花柄不等长；花瓣 5，匙形，先端微缺。果扁圆形。花期 5~10 月。

❀ 庭植观赏。花、叶有入药；富含黏液，为黏滑剂。

317

318

319

320

321

322

323

垂花悬铃花
Malvaviscus penduliflorus
悬铃花属

灌木。叶卵状披针形，长 6~12 cm，先端长尖，基部心形至圆形，缘有锯齿，基出脉 3。花单生；花红色，不开张，悬垂；花瓣 5。
✿ 花似风铃，雄蕊柱伸出花冠，美丽可爱，作绿篱或庭植美化。

324

白背黄花稔
Sida rhombifolia
黄花稔属

半灌木。叶菱形或长圆状披针形，长 2.5~4.5 cm，缘有锯齿。花单生；花瓣 5，倒卵形，长 8 mm，黄色。蒴果盘状。花期秋冬季。
✿ 全草入药，有消炎解毒、祛风除湿和止痛之效。

325

地桃花
肖梵天花
Urena lobata
梵天花属

亚灌木。单叶互生，下部叶近圆形，中部叶卵形，上部叶矩圆形至披针形，长 4~7 cm，浅裂，被毛。花单生或簇生叶腋；花萼杯状，5 裂；花瓣 5，倒卵形，淡红色；径约 1.5 cm。果扁球形。
✿ 茎皮纤维可代麻；根、叶入药治痢疾。

梧桐科　Sterculiaceae

木本，稀草本或藤本。单叶或掌状复叶互生；有托叶。花两性或单性，辐射对称，单生或各式花序；萼片 5；花瓣 5 或缺；雄蕊多数，合生成管状；子房上位，心皮 1~5。蒴果。

326

梧桐
青桐
Firmiana simplex
梧桐属

落叶乔木。树皮绿色。单叶互生，心状圆形，3~5 掌裂，长 15~20 cm，裂片全缘。花单性同株，圆锥花序顶生；无花瓣；萼片 5，淡黄绿色。蓇葖果 4~5，裂开成叶状。
✿ 梧桐与银杏、七叶树并称中国佛教三大圣树。其皮青如翠，叶缺如花，妍雅华净，更因"凤凰非梧桐不栖"而被视为吉祥嘉木。"梧桐相待老，鸳鸯合双死""春风桃李花开日，秋雨梧桐叶落时"，梧桐除表达忠贞不渝的爱情和秋至的传统意蕴外，其叶、花、根及种子均可入药，有清热解毒之效。

山茶科　Theaceae

常绿木本。单叶互生，革质。花两性，5 基数，辐射对称，单生或数花簇生叶腋；萼片、花瓣 5 至多数；雄蕊多数；子房上位，常 3~5 室。蒴果、核果或浆果。

327

山茶
Camellia japonica
山茶属

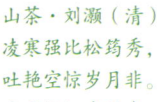
山茶·刘灏（清）
凌寒强比松筠秀，
吐艳空惊岁月非。
冰雪纷纭真性在，
根株老大众园稀。

常绿灌木或小乔木。嫩枝无毛。单叶互生，革质有光泽，椭圆形或倒卵形，长 5~10 cm，有细锯齿。花大，单生，无柄；花瓣 5~6，红色；子房无毛。蒴果近球形。花期 1-4 月。
✿ 山茶叶色亮绿，品种多，花色既有"花繁艳红，深夺晓霞"的鲜艳，也有"玉杯擎处露华浓"的素雅，花期长，"雪里开花到春晚，世间耐久孰如君"，傲雪怒放，带给人们绿色生机和希望，是我国十大名花之一。种子含油量高，食用及工业用；花为收敛止血药。

323

324

325

326

327

3₂8

油茶
Camellia oleifera
山茶属

灌木或小乔木。嫩枝、叶面中脉及子房有毛。单叶互生，椭圆形，长 3.5~9 cm。花白色，无柄；花瓣 5~7，长 2.5~4.5 cm，倒卵形，先端凹入或 2 裂；雄蕊多数。蒴果 2~3 裂。花期 12-3 月。

✿ 重要木本油料植物，供食用及工业用。

3₂9

茶梅
Camellia sasanqua
山茶属

常绿灌木。嫩枝有毛。单叶互生，革质，椭圆形至长圆状卵形，长 3~5 cm，有细齿。花 1~2 朵顶生；苞及萼片被柔毛；花瓣 6~7，大小不一，白或红色；子房被毛。蒴果球形。花期 9-12 月。

✿ 有白花、红花或重瓣等品种，庭植美化或作绿篱。

藤黄科　Clusiaceae (Guttiferae)

木本。单叶对生或轮生，全缘。花两性，辐射对称；单生或为聚伞状、伞状花序；萼片 4~5，基部合生；花瓣离生；雄蕊多数；子房上位，3~5 室。蒴果、浆果或核果。

3₃0

金丝桃
Hypericum monogynum
金丝桃属

半常绿小灌木。单叶对生，长椭圆形，长 2~11 cm，全缘。花单生枝端或成聚伞花序；花径 3~6.5 cm；花瓣 5，金黄或橙黄色；花柱合生，顶端 5 裂；雄蕊 5 束，黄色，长于或与花瓣等长。蒴果宽卵形。花期 5-8 月。

✿ 花叶秀丽，雄蕊灿若金丝，美丽供观赏。果作连翘代用品。

3₃1

金丝梅
Hypericum patulum
金丝桃属

半常绿小灌木。单叶对生，卵形或卵状披针形，长 1.5~6 cm，全缘。花单生枝端或成聚伞花序；花径 2.5~4 cm；花瓣 5，金黄色；花柱分离；雄蕊 5 束，短于花瓣。蒴果卵形。花期 6-7 月。

✿ 花供观赏；根能舒筋活血、催乳、利尿。

3₃2

元宝草
Hypericum sampsonii
金丝桃属

多年生草本。光滑无毛。叶对生，长椭圆状披针形，基部合生为一体，茎贯穿其中心，两叶长 7~13 cm。伞房状花序顶生，花小；萼片 5；花瓣 5，黄色；雄蕊 3 束，花柱 3。蒴果卵圆形。

✿ 全草入药，治吐血、尿血、跌打扭伤等。

堇菜科　Violaceae

常草本。单叶互生；有托叶。花两性或单性，两侧对称，单生或圆锥状花序；小苞片 2；萼片 5，离生，宿存；花瓣 5，下面 1 片有距；雄蕊 5；子房上位，心皮 3，1 室。蒴果或浆果。

3₃3

角堇
Viola cornuta
堇菜属

本种以花小、径 2~4 cm、中间无深色斑块、只有猫胡须似的深色斑线而与三色堇相区别。

328

329

330

331

332

333

334

七星莲
蔓茎堇菜
Viola diffusa
堇菜属

一年生草本。全株有毛。叶基生，莲座状，卵形或卵状长圆形，长1.5~6.5 cm，先端钝，基部下延于叶柄上部，缘具钝齿及缘毛。花小，两侧对称，花梗中部有 1 对小苞片；花瓣 5，白色或浅紫色；距长 2 mm。蒴果椭圆形。花期 3-5 月。

✿ 全草入药，有清热解毒、消肿排脓之效。

335

紫花地丁
Viola philippica
堇菜属

多年生草本。叶基生，莲座状，狭卵状披针形至三角状卵形，基部截形、楔形或稀浅心形而稍下延叶柄上，具圆齿。花瓣 5，紫堇色或淡紫色，有紫色脉纹；距长 4~5 mm。蒴果椭圆形。花期 4-9 月。

✿ 全草入药，清热解毒；也可作地被植物。

336

早开堇菜
Viola prionantha
堇菜属

多年生草本。叶基生，卵状长圆形或卵状披针形，基部宽楔形或微心形，边缘密生细圆齿。花瓣 5，紫堇或淡紫色，花冠喉部色淡有紫色条纹；距长 5~9 mm。花期 4 月。

337

三色堇
鬼脸花、猫儿脸、蝴蝶花
Viola tricolor
堇菜属

草本。单叶，基生叶长卵形或披针形，茎生叶卵形或长圆状披针形，缘具圆钝齿；托叶大，羽状深裂。花大，径 4~5 cm，单生叶腋，每花有紫、白、黄三色；花瓣 5，假面状，覆瓦状排列。蒴果椭圆形，3 瓣裂。花期 3-8 月。

✿ 花形似蝴蝶飞舞，花色丰富而艳丽，常布置于花坛或花境。

大风子科　Flacourtiaceae

木本。单叶互生；有托叶。花小，两性或单性，辐射对称，排成各式花序；萼片 2~6，常宿存；花瓣 2~7 或缺，离生；子房上位，1 室。蒴果、核果或浆果。

338

栀子皮
伊桐
Itoa orientalis
栀子皮属

常绿乔木。单叶互生，长椭圆形，长 15~30 cm，基部圆形或心形，缘有疏齿，革质。花单性异株；花萼 4，无花瓣；雄花序为顶生的圆锥花序；雌花较大，单生。蒴果大，卵圆形，外果皮革质。

✿ 树形优美，叶大常绿，植于庭院观赏或作蜜源植物。

339

柞木
Xylosma congesta
柞木属

常绿乔木。有腋生枝刺。单叶互生，宽卵形或卵状椭圆形，长 4~8 cm，先端尖，基部宽楔形，缘有钝齿。花单性异株；总状花序腋生；萼片 4~6，淡黄或黄绿色；无花瓣。浆果球形，黑色。

✿ 叶、刺药用，散瘀消肿。树形优美，植于庭院观赏。

秋海棠科　Begoniaceae

多年生肉质草本。单叶互生，基部偏斜；托叶 2，早落。花单性同株，辐射或两侧对称，常为聚伞花序；花被片花瓣状，2~5；雄蕊多数；子房下位。蒴果或浆果状，常具不等大 3 翅。

340

秋海棠
Begonia grandis
秋海棠属

多年生草本。叶宽卵形，基部心形偏斜，具浅齿，下面和叶柄带紫红色。花大，淡红色，聚伞花序腋生；雄花被片 4，雌花被片 5。

✿ 全草有健胃行血、消肿驱虫之效。

341

四季海棠
Begonia semperflorens
秋海棠属

肉质草本。叶卵形或宽卵形，缘有锯齿和睫毛。花红或带白色，聚伞花序；雄花被片 4，雌花被片 5，雄花较雌花大。蒴果有翅。

✿ 株形圆整，花色丰富，常年开花，配置花坛、花境或片植观赏。

仙人掌科　Cactaceae

多年生植物。茎肉质，圆柱形、球形或扁平，常收缩成节。叶多形，或缺。花两性，辐射或两侧对称，常单生，无梗；花萼、花瓣多数，或无分化；雄蕊多数；子房下位，1 室。浆果。

342

仙人掌
Opuntia dillenii
仙人掌属

肉质灌木。茎扁平，宽倒卵形至椭圆形，绿色，小窠具刺。叶钻形，早落。花辐状，黄色。浆果倒卵球形。花期 6~10 月。

✿ 庭植或盆栽观赏；果可食；茎有清热解毒，舒筋活络之效。

343

令箭荷花
Nopalxochia ackermannii
令箭荷花属

肉质灌木。茎基部细圆，木质化；分枝扁平令箭状，绿色，中脉明显突出；边缘钝齿形，具刺座。花从茎节两侧的刺座中伸出，喇叭状大花；花筒细长，重瓣，花色丰富。花期 5~7 月。

344

蟹爪兰
Zygocactus truncatus
蟹爪兰属

肉质小灌木。叶状茎扁平，绿色，先端截形，缘具齿并生小刺。花两侧对称；玫红色；花冠数轮；花柱深红色。花期秋冬。

☞ 本种与仙人指（*Schlumbergera bridgesii*）的区别在于后者叶状茎边缘浅波状；花色单一，整齐花。

瑞香科　Thymelaeaceae

木本。单叶互生或对生，全缘。花辐射对称，两性，各式花序；萼花瓣状，裂片 4~5；花瓣缺或鳞片状；雄蕊与萼片同数或 2 倍之；子房上位，心皮 2~5，1 室。浆果、核果或坚果。

345

结香
Edgeworthia chrysantha
结香属

落叶灌木。单叶互生，椭圆状倒披针形，长 8~16 cm。头状花序，叶前开花，芳香；花被筒 4 裂，黄色，外被柔毛。花期 3~4 月。

✿ 枝柔软打结而不断，花浓郁芬芳，故名"结香"。结香被誉为中国的爱情树。花蕾入药，养阴安神，明目，祛障翳。

340

341

342

343

344

345

胡颓子科 Elaeagnaceae

木本。被鳞片。单叶互生或对生，全缘。花两性或单性，辐射对称，单生或为伞形花序；花萼 2~4 裂；花瓣缺；雄蕊 4~8；子房上位，心皮 1。瘦果或坚果，包于肉质萼管内。

346

牛奶子
Elaeagnus umbellata
胡颓子属

落叶灌木。具刺；全株被鳞片。单叶互生，椭圆形或倒卵状披针形，长 3~7 cm，上面灰白色，下面银白色，两面有褐色鳞片；叶柄银白色。花 1~7 朵簇生新枝基部；花梗白色；花被筒较裂片长，芳香，黄白色。果卵圆形，红色。花期 3–5 月。

✿ 植于庭院观赏。果可食，也可酿酒和药用，有祛痰止咳之效。

☛ 和胡颓子（羊奶子）（*E. pungens*）的区别在于后者叶边缘稍反卷，叶柄深褐色；1~3 花簇生新枝基部；花期 9–12 月。

千屈菜科 Lythraceae

草本或木本。枝常 4 棱。单叶常对生，全缘。花两性，常辐射对称；单生或簇生，或组成穗状、总状或圆锥花序；花萼筒状或钟状，3~6 裂，或有距；花瓣与萼裂片同数，或无；雄蕊着生于萼筒上，为花瓣 2 倍至多数；子房上位，2~6 室。蒴果。

347

细叶萼距花
细叶雪茄花
Cuphea hyssopifolia
萼距花属

常绿小灌木。茎具黏质柔毛或硬毛。单叶对生，线状披针形，长 2~3 cm，宽 3~5 mm，下面中脉凸起。花单生叶腋；萼筒绿色；花瓣 6，紫红色、淡紫色，近等大；雄蕊内藏。花期 4–10 月。

☛ 与萼距花（*C. hookeriana*）区别在于后者花瓣有 2 片大而显著，紫红色，其余 4 片小。二者常作观花地被植物。

348

紫薇
痒痒树
Lagerstroemia indica
紫薇属

落叶灌木或小乔木。树皮平滑。叶互生或对生，椭圆形至倒卵形，长 3~7 cm。圆锥花序顶生；花瓣 6，长 1~2 cm，淡红至紫色，皱波或细裂状；雄蕊多数。蒴果近球形，6 瓣裂。花期 6–9 月。

✿ "谁道花无红百日，紫薇长放半年花"。花美且花期长，是我国传统名花，夏季重要的观花树种，也常制作桩景。

349

银薇
Lagerstroemia indica
f. *alba*
紫薇属

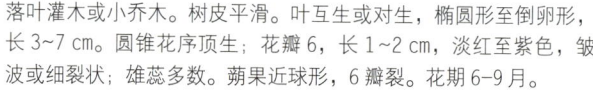

花白色。栽培品种丰富，有平瓣、皱瓣、红爪、红丝、大花、小花等不同变化。

350

千屈菜
Lythrum salicaria
千屈菜属

多年生草本。茎常 4 或 6 棱。叶对生或轮生，披针形，长 3.5~6.5 cm，基部圆或心形。总状花序顶生；花萼筒状，裂片 6；花瓣 6，紫红色，长 6~8 mm。蒴果扁圆形，包藏于萼内。

✿ 常植于水边观赏。全草入药，有收敛止泻之效。

346

347

348

349

350

石榴科 Punicaceae

　　木本。单叶常对生或簇生。花两性，辐射对称，单生、簇生或成聚伞花序，顶生；萼钟形，5~9 裂，宿存；花瓣 5~9，多皱褶；雄蕊多数；子房下位或半下位，心皮多数。浆果。

351

石榴
Punica granatum
石榴属

　　落叶灌木或小乔木。单叶对生或近簇生，长椭圆状倒披针形，全缘。单花顶生；萼裂片与花瓣各 5~7，红色。花果期 5~10 月。

　　✿ "烂漫一栏十八树，根株有数花无数"，花繁色艳，是我国传统名树，赏花观果或制作盆景、桩景。有玛瑙石榴 'Legrellei'（花重瓣，橙红色而有黄白色条纹）、重瓣白花石榴 'Multiplex' 等品种。果皮、根及花入药，有收敛、止泻、杀虫之效。

蓝果树科 Nyssaceae

　　乔木。单叶互生。花单性或杂性，异株或同株，头状、总状或伞形花序；雄花花瓣 5，雄蕊 10 或少；雌花花萼 5，花瓣 5 或 10；子房下位，1 或 6~10 室。核果或翅果，萼和花盘宿存。

352

喜树
旱莲木、千丈树
Camptotheca acuminata
喜树属

　　落叶乔木。单叶互生，卵状椭圆形，长 8~20 cm，全缘，羽状脉弧形而下凹。花杂性同株；头状花序圆球形，具长总梗；花瓣 5，黄白色。瘦果窄矩圆形，有窄翅。

　　✿ 生长快，干端直，宜作庭荫树及行道树。根皮及果可抗癌。

八角枫科 Alangiaceae

　　落叶木本。单叶互生，全缘或掌状分裂。花两性，辐射对称，淡黄白色，有香气，聚伞花序腋生；萼片 4~10；花瓣 4~10，条形；雄蕊与瓣同数或 2~4 倍之；子房下位，1 室。核果。

353

八角枫
Alangium chinense
八角枫属

　　落叶乔木。叶卵圆形，长 13~20 cm，基部偏斜，全缘或浅裂。聚伞花序具花 3~15 朵；花瓣 6~8，黄白色，常外卷。核果卵圆形。

　　✿ 作绿化树。根、茎、叶药用，治风湿瘫痪、跌打损伤等。

使君子科 Combretaceae

　　木本，稀藤本，有些具刺。单叶对生或互生；叶基、叶柄具腺体。花常两性，辐射对称，头状、穗状或总状花序；花萼 4~5 裂；花瓣 4~5 或无；雄蕊与萼同数或 2 倍之；子房下位，1 室。坚果、核果或翅果。

354

使君子
Quisqualis indica
使君子属

　　落叶木质藤木。嫩枝叶有毛。单叶对生，卵形或椭圆形，长 7~17cm，基部钝圆；叶柄宿存成一硬刺物。穗状花序下垂；萼筒细管状；花瓣 5，矩圆形，由白变红。果卵圆形。花期 5~8 月。

　　✿ 亦药亦花，种子是我国传统驱蛔药；花繁叶茂，作棚架植物。

351

352

353

354

桃金娘科 Myrtaceae

常绿木本。单叶对生或互生，全缘，有油腺点。花常两性，辐射对称，单生或为各式花序；萼片4~5裂或多；花瓣4~5或缺，分离或连成帽状体；雄蕊多数；子房下位或半下位，1至多室。蒴果、浆果、核果或坚果，常有突起的萼檐。

355

垂枝红千层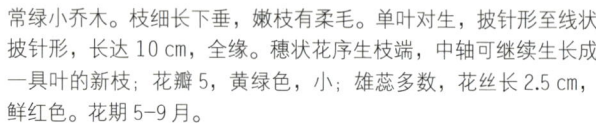
串钱柳、红瓶刷
Callistemon viminalis
红千层属

常绿小乔木。枝细长下垂，嫩枝有柔毛。单叶对生，披针形至线状披针形，长达 10 cm，全缘。穗状花序生枝端，中轴可继续生长成一具叶的新枝；花瓣 5，黄绿色，小；雄蕊多数，花丝长 2.5 cm，鲜红色。花期 5~9 月。

❀ 株形优美，花枝柔软下垂，花形奇珍美艳，极富观赏价值。

356

赤桉
Eucalyptus camaldulensis
桉属

常绿乔木。树皮片状脱落，平滑；小枝淡红色。单叶互生，狭披针形，微弯，长 8~16 cm。伞形花序侧生，花 4~9 朵；径 1~1.5 cm；萼筒半球形，萼帽状体基部近半球形，顶端骤狭成喙；萼帽和萼筒近等长。蒴果球形，径约 6 mm。

❀ 生长快，木材耐腐，材用或作绿化树。枝叶可提芳香油。

357

细叶桉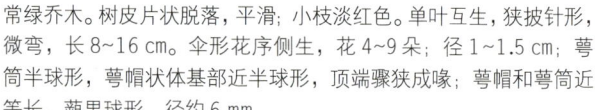
Eucalyptus tereticornis
桉属

常绿乔木。树皮平滑，薄片状剥落。异常叶圆形至宽披针形；正常叶披针形，稍呈镰刀状，长 15 cm 以上。伞形花序侧生，花 4~8 朵；萼筒近陀螺形，萼帽状体长圆锥形；萼帽长于萼筒。蒴果倒卵形或近球形。用途同赤桉。

358

桉
大叶桉
Eucalyptus robusta
桉属

常绿乔木。树皮纵裂，不剥落。单叶互生，卵状长椭圆形或广披针形，长 8~18 cm，全缘，革质，背面有白粉。伞形花序腋生；花梗及花序轴扁平；萼筒狭陀螺形或稍呈壶形；萼帽状体厚，顶端呈圆锥状凸起。蒴果倒卵形。

❀ 树干高大挺直，树冠庞大，生长快，作行道树、庭荫树及造林和防风林树种。枝叶可提芳香油；叶能解热防腐、驱风止痛。

359

松红梅
Leptospermum scoparium
澳洲茶属

常绿小灌木。枝条红褐色。叶互生，线状披针形，长 0.7~2 cm。花单瓣或重瓣，径 0.5~2.5 cm，红至白色。花期 11 月至翌年 4 月。

❀ 叶似松叶、花似红梅，庭植观赏或作盆栽年宵花及切花花材。

360

黄金串钱柳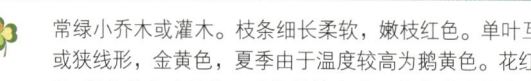
千层金、黄金香柳
Melaleuca bracteata
白千层属

常绿小乔木或灌木。枝条细长柔软，嫩枝红色。单叶互生，披针形或狭线形，金黄色，夏季由于温度较高为鹅黄色。花红色。

❀ 优良的色叶植物；叶片芳香宜人，其芳香油是珍贵的化妆品香料之一。

355

356

357

358

359

360

野牡丹科 Melastomataceae

　　草本或木本。单叶对生。花两性，辐射对称，聚伞或圆锥等花序；花瓣 4~5；雄蕊与瓣同数或 2 倍之；子房下位或半下位，子房室与花瓣同数或 1 室。蒴果或浆果。

361

巴西野牡丹
紫荆野牡丹
Tibouchina semidecandra
光荣树属

常绿灌木。枝红褐色，4 棱。单叶对生，长椭圆形至披针形，长 3~8 cm，先端尖，被毛，全缘；基出 3 主脉。花顶生，径 4~7 cm，花瓣 5，紫蓝色；雄蕊 10，白色。盛花期 8-11 月和翌年 2 月。
✿ 花期长，花美丽，是优良的观叶观花植物。

菱科 Trapaceae

　　一年生水生草本。沉水叶对生，羽状细裂；浮水叶聚生茎顶；叶柄上部膨大成气囊。花两性，单生叶腋；花萼 4，深裂；花瓣 4，生花盘边缘；雄蕊 4；子房半下位，2 室。坚果。

362

欧菱
菱、菱角
Trapa natans
菱属

浮水叶聚生茎顶，莲座状，三角形，缘具齿；叶柄具海绵质气囊。花瓣 4，白色。坚果，两侧各有一硬刺状角，紫红色。
✿ 叶形美观，用于水体绿化。果实富含淀粉，供食用或酿酒；全株有强壮、解热之效。

柳叶菜科 Onagraceae

　　常草本。单叶互生或对生。花两性，辐射或两侧对称，单生叶腋或成顶生穗状、总状或圆锥花序；4 基数；萼片（2）4~5；花瓣 4~5，离生；雄蕊 4、8、10；子房下位，4~5 室。常蒴果。

363

南方露珠草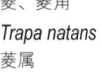
Circaea mollis
露珠草属

草本。茎及花梗被毛。单叶对生，狭卵形，有齿。总状花序；萼裂片 2；花瓣 2，宽倒卵形，顶端凹，白色。果球形，有纵沟。
✿ 全草有清热解毒、生肌之效。

364

倒挂金钟
Fuchsia hybrida
倒挂金钟属

半灌木。幼枝带红色。单叶对生，卵形，长 4-8cm，缘具锯齿。花单生叶腋，下垂；萼筒钟形，裂片 4，红色，反折；花瓣 4，紫红、红或白色；雄蕊 8；雄蕊和花柱伸出花冠外。浆果紫红色。

小二仙草科 Haloragidaceae

　　草本或亚灌木。叶互生、对生或轮生，沉水叶蓖齿状分裂。花小，两性或单性，单生、簇生、穗状、圆锥或伞房花序；萼片、花瓣各 2~4 或缺；雄蕊 2~8；子房下位，1~4 室。坚果或核果。

365

粉绿狐尾藻
Myriophyllum aquaticum
狐尾藻属

多年生水生草本。水上叶 5~7 枚轮生，羽状深裂，绿白色。花单性，穗状花序顶生，花小，淡红色至白色；花瓣 4。核果坚果状。
✿ 生长快，可快速形成群体景观。全草可作饲料。

361

362

363

365

364

五加科　Araliaceae

木本或草本，常有刺。单叶或复叶，互生，叶柄基部膨大；有托叶。花小，两性或单性，辐射对称，伞形或头状花序；花萼小，与子房合生；花瓣 5~10，分离；雄蕊与瓣同数或更多，生于花盘边缘；子房下位，1~15 室。浆果或核果。

366

细柱五加
五加
Eleutherococcus nodiflorus
五加属

落叶灌木。掌状 5 小叶复叶，在长枝上互生，短枝上簇生；小叶倒卵形至披针形，长 3~8 cm，缘有锯齿。伞形花序腋生，或单生于短枝上；萼 5；花瓣 5，黄绿色；雄蕊 5。果近球形，熟时黑色。
✿ 根皮可制五加皮酒，有祛风湿，强筋骨之效。

367

八角金盘
Fatsia japonica
八角金盘属

常绿灌木。单叶互生，革质有光泽，近圆形，掌状 7~11 深裂，缘有齿。球状伞形花序聚生成顶生圆锥状复花序；花小，乳白色；花瓣 5，离生。果近球形，黑色。
✿ 适应性强，是很好的耐阴观叶植物。

368

洋常春藤
Hedera helix
常春藤属

常绿攀缘藤本，具气生根。单叶互生，革质；营养枝上的叶 3~5 浅裂，花果枝上的叶卵状菱形，叶片具黄色或白色斑块或镶纹。伞形花序；花瓣 5。果球形，黑色。
✿ 四季常绿，叶色斑斓，叶形变化多样，枝叶稀疏相间，是优美的棚架或垂直绿化植物，也常作室内观叶植物。

369

常春藤
中华常春藤
Hedera nepalensis
var. *sinensis*
常春藤属

常绿攀缘藤本，具气生根。单叶互生；营养枝上的叶三角状卵形或戟形，全缘或三浅裂；花枝上的叶椭圆状卵形至椭圆状披针形，全缘。伞形花序；花瓣 5，淡黄白色。果球形，红或黄色。
✿ 枝叶常青，作垂直绿化材料。全株药用，有舒筋散风之效。

370

幌伞枫
大富贵
Heteropanax fragrans
幌伞枫属

常绿乔木。3 回羽状复叶互生，长达 1 m；小叶椭圆形，长 5.5~13 cm，两端尖，全缘，无毛。花杂性，小，黄白色；伞形花序再总状排列，密生黄褐色星状毛。果扁形。
✿ 羽叶大型，树冠圆整如伞，颇为美丽，庭植观赏或作行道树。根及树皮入药，为治疮毒良药。与菜豆树区别见第 182 页。

371

刺楸
Kalopanax septemlobus
刺楸属

落叶乔木。枝干具皮刺。单叶互生，掌状 5~7 裂，径 9~25 cm，基部心形，裂片先端渐尖，缘有细齿。伞形花序聚生成顶生圆锥状复花序；花瓣 5，白色或浅黄绿色。果球形，蓝黑色。
✿ 绿化树种。根皮入药，有清热祛痰、收敛镇痛之效；嫩叶可食。

372

吕宋鹅掌柴
辐叶鹅掌柴、
澳洲鹅掌柴
Schefflera actinophylla
鹅掌柴属

常绿乔木。掌状复叶互生；小叶 7~16，长椭圆形，长 10~30 cm，全缘，有光泽。花小，红色，由密集的伞形花序排成伸长而分枝的总状花序；花瓣 5。核果近球形，紫红色。

✿ 庭植观赏或作室内观叶植物。

373

鹅掌藤
鸭脚木
Schefflera arboricola
鹅掌柴属

常绿藤状灌木。掌状复叶互生；小叶 7~9，倒卵状长圆形或长椭圆形，长 8~12 cm，先端急尖或钝形，全缘。伞形花序集成大圆锥状，有花 3~10 朵，总花梗长不及 5 mm；花白色；萼边缘全缘；花瓣 5~6，无花柱。果卵形，有 5 棱，黄至红色。花期 7 月。

☞ 与鹅掌柴（*S. heptaphylla*）区别在于后者为乔木或灌木，小叶先端急尖、短渐尖，稀圆形；幼叶有锯齿或羽裂；伞形花序有花 10~15 朵；总花梗长 1~2 cm；花柱短柱状，宿存。果球形，黑色。

374

花叶鹅掌藤
花叶鹅掌柴
Schefflera arboricola
'Variegata'
鹅掌柴属

鹅掌藤栽培品种。叶片上除深绿色外，还具不规则乳黄色至浅黄色斑块，呈花叶状。伞形花序总状排列在分枝上集成圆锥状，总花梗长不及 5 mm。

✿ 株形美观，叶色斑纹多变，观赏价值高，常作地被或盆栽观叶植物。

375

穗序鹅掌柴
Schefflera delavayi
鹅掌柴属

常绿小乔木。掌状复叶互生；小叶 4~7，卵状长椭圆形至卵状披针形，长 8~22 cm，全缘或疏生粗齿，背面密被灰白色毛。花小，无花柄，穗状花序组成圆锥状；花瓣 5，白色。果球形，紫黑色。

✿ 根皮治跌打损伤，叶有发表功效；也可栽培观赏。

伞形科 Apiaceae (Umbelliferae)

草本。有香气。茎中空，有棱。叶互生，常分裂至复叶；叶柄基部膨大呈成鞘状。复伞形花序，常两性，辐射对称，花小，5 基数；花萼 5 齿裂；花瓣 5；雄蕊 5；子房下位，心皮 2，合生，2 室；有花盘。双悬果，常具 5 棱。

376

积雪草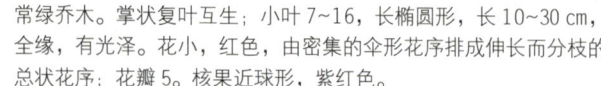
Centella asiatica
积雪草属

多年生草本。茎匍匐。单叶互生，肾形或近圆形，径 1~5 cm，基部深心形，缘有宽钝齿，掌状脉。伞形花序有花 3~6 朵，单生或 2~3 个腋生；花萼 5 齿；花瓣 5，紫红色。双悬果扁圆形。

✿ 全草有清热解毒、止血利尿、活血祛瘀之效。

377

蛇床
Cnidium monnieri
蛇床属

一年生草本。叶轮廓卵形或三角状卵形，2 至 3 回羽裂，小裂片线形或线状披针形，全缘或浅裂。复伞形花序，总苞片和小总苞片多数，线形；花瓣 5，白色。双悬果宽椭圆形，果棱有宽翅。

✿ 果实（蛇床子）入药，有燥湿、杀虫止痒、兴奋强壮之效。

378

芫荽
香菜
Coriandrum sativum
芫荽属

一年生草本，具香气。基生叶 1~2 回羽状全裂，裂片宽卵形或楔形；茎生叶 2~3 回羽状深裂，终裂片线形，全缘。复伞形花序顶生；无总苞；花小，花瓣 5，有辐射瓣，白色或淡紫色。双悬果球形。
✿ 茎叶作蔬菜和调香料，并有健胃消食作用；果入药，有驱风、透疹、健胃、祛痰之效。

379

鸭儿芹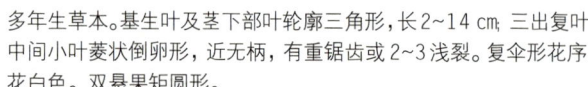
Cryptotaenia japonica
鸭儿芹属

多年生草本。基生叶及茎下部叶轮廓三角形，长 2~14 cm；三出复叶，中间小叶菱状倒卵形，近无柄，有重锯齿或 2~3 浅裂。复伞形花序；花白色。双悬果矩圆形。
✿ 全草入药，治虚弱、尿闭及肿毒等。

380

细叶旱芹
Cyclospermum leptophyllum
细叶旱芹属

一年生草本。3~4 回羽状复叶互生；叶片轮廓呈长圆形至长圆状卵形，长 2~10 cm，末回裂片线形至丝状。复伞形花序近无梗；小伞形花序花梗不等长；花瓣 5，白绿或略带粉红色。果实圆心形或圆卵形，果棱 5 条。

381

野胡萝卜
Daucus carota
胡萝卜属

二年生草本，被粗硬毛。基生叶矩圆形，2~3 回羽状全裂，小裂片条形至披针形。复伞形花序顶生；总苞片和小苞片多数，条形，不裂或羽状分裂；花瓣 5，白色或淡红色。双悬果矩圆形，4 棱，有翅，翅上具钩刺。
✿ 果实入药有驱虫作用。

382

茴香
Foeniculum vulgare
茴香属

多年生草本。全体有粉霜，具强烈气味。茎生叶片阔三角形，长 30 cm，3~4 回羽状细裂，小裂片线形。复伞形花序；伞辐 6~29；花瓣 5，黄色。双悬果矩圆形，主棱 5。
✿ 嫩叶作蔬菜或调味；果可祛痰散寒、健胃止痛。

383

红马蹄草
Hydrocotyle nepalensis
天胡荽属

多年生草本。茎匍匐。单叶互生，圆肾形，径 2~8 cm，基部深心形，掌状 5~9 浅裂，裂片三角形。伞形花序数个簇生叶腋，花序梗短于叶柄，有花 10~30 朵；花瓣 5，白色，有时具紫红色斑点。双悬果两侧压扁。
✿ 全草治跌打损伤、感冒、咳嗽痰血。

378

379

380

381

382

383

384

天胡荽
满天星
Hydrocotyle sibthorpioides
天胡荽属

多年生草本。茎匍匐。单叶互生，圆形或肾形，径 5~25 mm，掌状 5~7 浅裂，小裂片宽倒卵形，缘具钝齿，基部深心形。单伞形花序腋生；总苞片倒披针形；花瓣 5，绿白色。双悬果近圆形。
🌼 叶常年翠绿光亮，病虫害少，宜作地被植物。全草能清热解毒、利尿、散结消肿。

385

香菇草
铜钱草
Hydrocotyle vulgaris
天胡荽属

多年生挺水或湿生草本。植株具有蔓生性，节上常生根。叶互生，圆盾形，径 2~4 cm，边缘波状；具长柄。花两性；伞形花序；花小，白色。花期 6~8 月。
🌼 叶形小巧玲珑，郁郁葱葱，生长迅速，常作水体绿化材料。

386

水芹
Oenanthe javanica
水芹属

多年生草本。基生叶三角形，1~2 回羽状分裂，小裂片卵形至菱状披针形，长 2~5 cm，缘有牙齿或锯齿；茎上部叶无柄，裂片较小。复伞形花序顶生；无总苞；伞辐 6~20；小总苞片条形；花瓣 5，白色。双悬果椭圆形或近圆锥形，棱隆起。
🌼 茎叶可作蔬菜食用；全草入药，有降压功效。

387

直刺变豆菜
Sanicula orthacantha
变豆菜属

多年生草本。茎基生叶圆心形或心状五角形，掌状 3 全裂，侧裂片 2 裂至中部或基部，缘有不规则锯齿或短刺芒状齿。伞形花序有长的伞辐，常 2~3 分枝；伞形花序有雄花 5~6，两性花 1 朵；花瓣白色、淡蓝色或淡紫红色。双悬果卵形，皮刺短而直。
🌼 全草有清热解毒的功效。
🌱 本种和天蓝变豆菜（*S. coerulescens*）花色接近，主要区别在于后者侧生伞形花序无柄，排成假总状花序。

388

小窃衣
Torilis japonica
窃衣属

草本。全株被硬毛。叶 1~2 回羽状分裂，小叶披针形至矩圆形，长 0.5~6 cm，有齿牙至缺刻或分裂。复伞形花序；总苞片 3~6，条形；伞辐 4~10，近等长；花小，白色。双悬果矩圆形，具钩皮刺。
🌱 本种和窃衣（*T. scabra*）的主要区别在于后者无总苞片，伞辐 2~4。

384

385

386

388

387

山茱萸科 Cornaceae

木本或草本。单叶对生，稀互生或近轮生。花两性或单性，同株或异株，聚伞或圆锥花序；花萼 4~5 齿裂或缺；花瓣 4~5 或缺；雄蕊 4~5；子房下位，1~4（5）室。核果或浆果状核果。

389

花叶青木
洒金东瀛珊瑚、
洒金桃叶珊瑚
Aucuba japonica
var. variegata
桃叶珊瑚属

常绿灌木。单叶对生，革质有光泽，卵状椭圆形至长椭圆形，先端急尖或渐尖，缘有锯齿，叶面有黄色斑点。花单性异株；圆锥花序顶生；花瓣 4，紫红色。浆果状核果，红色。

✿ 叶翠绿光亮，密洒黄色斑点，冬果红艳夺目，为常见的观叶观果植物，庭植观赏或作绿篱。

390

山茱萸
Cornus officinalis
山茱萸属

落叶灌木或乔木。单叶对生，卵形至椭圆形，长 5~12 cm；下面脉腋有簇毛。伞形花序先叶开花，腋生；具 4 枚小苞片；花萼 4；花瓣 4，黄色；花盘肉质。核果椭圆形，红色。

✿ 果实（茱萸肉）供药用，为收敛强壮药，健胃补肾，治腰痛等症。

389

390

被子植物（双子叶植物合瓣花类）

ANGIOSPERMAE
DICOTYLEDONEAE GAMOPETALAE

杜鹃花科　Ericaceae

木本。单叶互生。花两性，辐射对称或略两侧对称，单生、总状、圆锥状或伞形花序；具苞片；花萼 4~5 裂，宿存；花瓣合生，花冠 4~5 裂；雄蕊为花冠裂片同数或倍数，分离；子房上位或下位；2~5 室。蒴果或浆果。

391

杂种杜鹃
西洋杜鹃、
比利时杜鹃
Rhododendron hybrida
杜鹃属

常绿小灌木。枝、叶疏生柔毛。单叶互生，卵圆形，革质，全缘。花顶生，花冠漏斗状，单瓣或重瓣，有红、粉、白等色。
✿ 园艺杂交种，常盆栽观赏。

392

白花杜鹃
Rhododendron mucronatum
杜鹃属

常绿灌木。枝密被灰色柔毛；芽鳞、嫩枝叶、花梗及萼被腺头毛。叶披针形至卵状或矩圆状披针形，长 2~6 cm，先端急尖，有尖头，被灰褐色粗毛。伞形花序顶生，花 1~3 朵；花冠宽漏斗形，径 5~6 cm，5 裂，白色；雄蕊 10。花期 4~5 月。
✿ 庭植观赏或作地被、绿篱。

393

钝叶杜鹃
石岩杜鹃
Rhododendron obtusum
杜鹃属

常绿矮灌木。枝假轮生状，密被锈色糙伏毛。单叶互生，常簇生于枝端，椭圆形至椭圆状卵形，长 1~2.5 cm，缘有睫毛，两面有毛。伞形花序，花 2~3 朵；花冠漏斗状钟形，径 2.5 cm，红至粉红色，仅 1 裂片有深色斑；雄蕊 5。花期 4~5 月。
✿ 花色明丽，品种丰富，盆栽、庭植观赏或作地被、绿篱。

394

锦绣杜鹃
Rhododendron × pulchrum
杜鹃属

基本形态同白花杜鹃，主要区别在于枝被棕色伏毛；除芽鳞外其余部位无腺头毛。花冠玫红、淡红或间有白色，具深红色斑点。花色艳丽，品种多，园林用途同白花杜鹃。

395

杜鹃
映山红、杜鹃花
Rhododendron simsii
杜鹃属

落叶灌木。枝、叶均被棕褐色糙伏毛。叶革质，长椭圆形，夏叶较长，先端锐尖，缘具细齿。花 2~6 朵簇生枝顶；花冠宽漏斗形，红色，5 裂，上方 1~3 裂片有深红色斑点；雄蕊 10。花期 4~6 月。
✿ 我国十大传统名花之一，有"花中西施"美誉，与报春花、龙胆花并称为中国三大高山名花。自然界中唯有杜鹃，花、鸟同名。杜鹃鸟鸣叫之时，正是杜鹃花盛开之季。杜鹃鸟嘴角有一红色斑纹，似啼血滴滴。"杜宇化鹃"的神话讲述了蜀王杜宇注重农耕，死后化为杜鹃鸟，仍关心百姓五谷丰收。一到春天，就提醒人们"布谷"，及时播种。因昼夜啼叫，滴血染红山野并化成了美丽的杜鹃花。全株入药，有行气活血、补虚之效。

宣城见杜鹃花
李白（唐）
蜀国曾闻子规鸟，
宣城还见杜鹃花。
一叫一回肠一断，
三春三月忆三巴。

紫金牛科 Myrsinaceae

木本。单叶互生，稀对生；常有油腺斑点。花两性或单性，4~5 数，各式花序；花瓣合生，常有腺点；雄蕊着生于花瓣上；子房上位，心皮 1，1 室。核果或浆果。

396

朱砂根
富贵子、大罗伞
Ardisia crenata
紫金牛属

常绿灌木。不分枝。单叶对生于枝端，坚纸质，狭椭圆形至倒披针形，长 7~15 cm，叶缘皱波状或具齿，有腺点。伞形或聚伞花序顶生；花冠 5 裂，白色；花被有黑腺点。果球形，红色。
❀ 株形优美，红果经冬不落，与绿叶相映成趣，是美丽的观果植物。全株入药，祛风除湿，通经活络；果可食或榨油。

报春花科 Primulaceae

草本。单叶，常有腺点。花两性，辐射对称，单生或为伞形、总状、圆锥、穗状花序；萼 5 裂，宿存；花冠合瓣，5 裂；雄蕊 5，对瓣生；子房上位，5 心皮，特立中央胎座。蒴果。

397

点地梅
Androsace umbellata
点地梅属

纤细草本，被柔毛。叶基生，圆形或心状圆形，有钝牙齿。花葶基出；伞形花序；花小，花冠白色，漏斗状，径 4~6 mm，裂片 5。
❀ 全草入药，治疗咽喉肿痛和口腔炎等，故有"喉咙草"之称。

398

仙客来
兔耳花
Cyclamen persicum
仙客来属

多年生草本。叶丛生于扁球形块茎顶端，心状卵圆形，径 3~14 cm，有细圆齿，叶面深绿并有浅色斑纹。单花顶生，下垂；花冠 5 深裂，白至玫红色，裂片长圆状披针形，反卷。常温室栽培。
❀ 仙客来花期长，花形别致如兔子耳朵；中名音译自其属名，吉祥喜气，迎合了春节迎神的习俗，是冬春季节名贵盆花和年宵花。

399

报春花
Primula malacoides
报春花属
嘲报春花·杨万里（宋）
嫩黄老碧已多时，
骇紫痴红略万枝。
始有报春三二朵，
春深犹自不曾知。

一年生草本。叶基生，长卵形，长 3~10 cm，先端圆钝，基部楔形或心形，缘有缺裂和锯齿，上面被毛，下面被白粉或毛。伞形花序 2~6 轮；苞片狭披针形；花萼宽钟状，裂至中部，被白粉；花冠 5，粉红色或近白色，高脚碟状，裂片顶端凹缺。花期 2~5 月。
❀ 报春花是春天的信使，开花早，花期长，虽已百花盛开，仍不逊然引退，大有报春、迎春、争春、惜春之势，是我国传统名花。
☛ 本种与小报春（*P. forbesii*）区别在于后者株型矮小，叶卵形，长 3 cm；序 1~2 轮。

400

鄂报春
四季报春、四季樱草
Primula obconica
报春花属

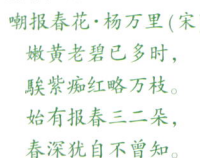

一年生草本。叶基生，卵形至椭圆形，长 3~14 cm，先端圆，基部心形或圆形，全缘或有缺刻或锯齿，被毛。顶生伞形花序常一轮；花萼宽钟形，浅裂；花冠玫瑰红色，喉部具环状附属物，径 1.5~2.5 cm，高脚碟状，先端 2 裂。花期 3~6 月。园林用途同德国报春花。

396

397

398

399

400

401

德国报春花
欧报春、四季报春、
西洋樱草
Primula vulgaris
报春花属

多年生常作二年生栽培。株高约 20 cm。叶基生，长椭圆形，长 10~15 cm，叶脉深凹，缘有浅波状裂或缺刻。伞状花序，花色艳丽丰富，有红、蓝、紫、黄、白等色，花心常为黄色。花期 1~5 月。
✿ 株形雅，花色繁，花期长，常作年宵花或配置花坛、花境。.

402

泽珍珠菜
Lysimachia candida
珍珠菜属

一二年生草本。茎单一或有分枝。单叶互生，叶匙形、倒披针形至条形，长 2.5~6 cm，基部渐狭，下延，两面有褐色腺点，茎叶近无柄。总状花序顶生，幼时密集成阔圆锥状，后伸长；花萼 5 裂至基部；花冠白色，长 6~12 mm；花柱长 5 mm。花期 5~6 月。
✿ 全草药用，消肿解毒。

403

狭叶珍珠菜
Lysimachia pentapetala
珍珠菜属

一年生草本。茎多分枝。单叶互生，条状披针形，长 2~7 cm，下面有赤褐色腺点。总状花序顶生，幼时成头状；花萼合生至中部以上；花冠白色，深裂至基部，长 5 mm；花柱长 2 mm。

404

过路黄
金钱草
Lysimachia christiniae
珍珠菜属

多年生匍匐草本。叶、萼及花冠有有黑色条状腺体。单叶对生，心形或宽卵形，长 2~5 cm，全缘。花成对腋生；花萼 5 深裂；花冠黄色，裂片 5。花期 5~7 月。
✿ 全草药用，清热解毒、利尿排石。

405

临时救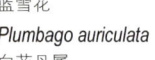
聚花过路黄
Lysimachia congestiflora
珍珠菜属

多年生草本。茎匍匐或上部倾斜。单叶对生，密聚，卵形至宽卵形，长 1.5~3.5 cm，先端钝尖，全缘，有毛。花单生于枝端叶腋，成头状花序状；花冠黄色，喉部紫色，裂片 5。花期 5~6 月。
✿ 全草清热解毒。

白花丹科（蓝雪科）　Plumbaginaceae

　灌木或草本。单叶互生或基生，全缘。花两性，辐射对称，（1）2~5 朵成聚伞花序，再排成穗状或其他花序；花萼 5 裂；花冠合瓣或基部微连合，裂片 5；雄蕊 5；子房上位，1 室。蒴果。

406

蓝花丹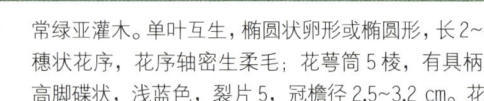
蓝雪花
Plumbago auriculata
白花丹属

常绿亚灌木。单叶互生，椭圆状卵形或椭圆形，长 2~6 cm，先端钝尖。穗状花序，花序轴密生柔毛；花萼筒 5 棱，有具柄黏质腺毛；花冠高脚碟状，浅蓝色，裂片 5，冠檐径 2.5~3.2 cm。花期 5~10 月。
✿ 枝细叶密、花色优雅，花期长，是优良的观赏花卉。其根、叶有毒，入药有败毒抗癌、消肿散结、祛瘀止痛之效。

401

402

403

404

405

406

柿树科　Ebenaceae

木本。单叶互生，全缘。花单性异株或杂性；雄花成聚伞花序，雌花单生叶腋；花萼 4 裂，宿存增大；花冠钟状或壶状，裂片 4~5；雄蕊为冠裂片 2~4 倍；子房上位，2~16 室。浆果。

407

乌柿
金弹子
Diospyros cathayensis
柿属

常绿灌木或小乔木。有枝刺。单叶互生，长圆状披针形，长 4~6 cm，先端钝，无毛。花白色，芳香；花萼 4 裂；花冠壶状，长 5~7 mm，4 裂，有毛。果球形，熟时黄色；果柄长 3~4 cm。果期 8-10 月。

❁ 果形优美，金黄宜人，庭植观赏或作盆景素材。

408

君迁子
Diospyros lotus
柿属

落叶乔木。树皮方块状裂。单叶互生，椭圆至矩圆形，长 5~13 cm，下面苍白色。花单性异株；花冠壶形，长 6 mm，淡绿色或带红色，4 裂。浆果球形，径 1~2 cm，由黄变蓝黑色，有蜡层，无柄。

❁ 绿化树。果可食或酿酒；果、嫩叶可提取维生素。

409

柿
柿树
Diospyros kaki
柿属

落叶乔木。树皮鳞片状裂。单叶互生，椭圆状卵形、倒卵形，长 5~18 cm，近革质，下面被褐色毛。花单性或杂性；花萼 4 深裂；花冠壶形或近钟形，白色，长 1~1.5 cm，4 裂。浆果大，橙黄色；具柄。花果期 5-10 月。

❁ 我国传统名树。果可食或入药，润肺止血、祛痰镇咳。

410

老鸦柿
Diospyros rhombifolia
柿属

落叶灌木或小乔木。有枝刺。单叶互生，菱状倒卵形，长 4~4.5 cm，先端钝。花单生叶腋，白色；花萼 4 深裂；花冠壶形，长 5~7 mm，4 裂。果球形，径 1.5 cm，桔红色，有蜡质光泽；果柄长 1.5~2.5 cm。

木犀科　Oleaceae

木本。单叶、三出或羽状复叶，对生。花两性，辐射对称，圆锥、聚伞或丛生花序；花萼常 4 裂；花冠合瓣，4 裂；雄蕊 2；子房上位，心皮 2，2 室。翅果、蒴果、核果或浆果。

411

金钟花
黄金条
Forsythia viridissima
连翘属

落叶灌木。小枝直立性强，4 棱，枝髓片状。单叶对生，长椭圆形或披针形，长 5~10 cm，上半部有粗锯齿。花金黄色，1~3 朵腋生，先叶开放；花萼裂片长 2~4 mm；花冠 4 裂至中部，狭矩圆形。蒴果卵球状，果梗长 3~7 mm。花期 3-5 月。

☛ 连翘（*F. suspensa*）：节间中空；单叶或 3 裂至三出复叶，宽卵形至椭圆形；萼裂片长 6~7 mm；花冠裂至基部；果梗长 0.7~2 cm。

412

白蜡树
Fraxinus chinensis
梣属

落叶乔木。羽状复叶对生，小叶 5~7；椭圆形或椭圆状卵形，长 3~10 cm，缘具整齐锯。圆锥花序；花单性异株，花萼钟状；无花瓣。翅果匙形。叶可放养白蜡虫。

407

408

409

410

411

412

413

野迎春
云南黄素馨
Jasminum mesnyi
素馨属

常绿灌木。小枝拱形，4 棱。三出复叶对生；小叶长椭圆状披针形。花 1~2 朵生叶腋或小枝顶；花叶同放；花冠黄色，径 2~4.5 cm，裂片 6~8 或半重瓣；裂片长度稍长于花冠筒。花期 3-6 月。

❀ 枝长而柔弱，碧叶花黄，是广为栽培的观赏花木。

414

迎春花
金腰带
Jasminum nudiflorum
素馨属

落叶灌木。小枝细长拱形，4 棱。三出复叶对生；小叶卵状椭圆形。花单生老枝叶腋，先叶开放，径 2~2.5 cm；萼片 5~6；花冠黄色，裂片 6；裂片长度短于花冠筒。花期 2-4 月。

❀ 在乍暖还寒时分，"金英翠萼带春寒"的迎春花吐露芳香，逢雪更显精神，与梅花、水仙和山茶合称"雪中四友"。迎春花以花色端庄秀丽，更以不畏寒威的顽强个性和"迎得春来非自足，百花千卉共芬芳"的崇高品格为人们喜爱，是我国传统名花。

415

茉莉花
Jasminum sambac
素馨属

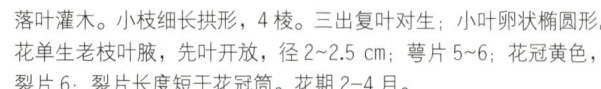

木质藤本或灌木。单叶对生，宽卵形或椭圆形，两端圆或钝，长 3~9 cm，全缘。聚伞花序顶生；花萼裂片 8~9，条形；花冠白色，芳香，有时重瓣。花期 5-10 月。

❀ 我国传统名花，气味极香，"一卉能熏一室香，炎天犹觉肌生凉"，被誉为"人间第一香"，与兰花和桂花并称"三大香祖"。花提香精或熏茶，花叶药用，止咳化痰或治目赤肿痛。

416

女贞
大叶女贞
Ligustrum lucidum
女贞属

常绿乔木。单叶对生，革质有光泽，卵形至卵状长椭圆形，长 6~12 cm，先端尖，无毛，全缘。圆锥花序顶生；花白色，花萼、花冠 4 裂。核果矩圆形，蓝黑色。花期 5-7 月，果熟期 11-12 月。

❀ 作行道树或桂花砧木。果入药称女贞子，补肾养肝、明目。

417

小叶女贞
Ligustrum quihoui
女贞属

常绿小灌木。嫩枝有毛。单叶对生，薄革质，倒卵状椭圆形，长 2.5~4 cm，先端钝，无毛。圆锥花序顶生，近圆柱形；花无梗；花冠 4 裂，裂片与萼筒近等长。果近球形，紫黑色。花期 5-7 月。

🌱 卵叶女贞（*L. ovalifolium*）：叶椭圆状卵形，花序近塔形；花冠筒长为裂片长的 2~3 倍。二者耐修剪，常作绿篱。

418

小蜡
Ligustrum sinense
女贞属

常绿灌木或小乔木。单叶对生，卵形、长圆形或披针形，长 3~5 cm，先端尖或钝，基部宽楔形，背面中脉有毛。圆锥花序顶生或腋生，塔形；花有梗；花冠白色，裂片长于花冠筒。花期 5-6 月。

❀ 耐修剪，常作绿篱。

419

金叶女贞
Ligustrum × vicaryi
女贞属

半常绿灌木。叶椭圆形或卵状椭圆形，长 3~7 cm，嫩叶黄色，后变为黄绿色。花小，白色，芳香，总状花序。核果紫黑色。

✿ 是金边卵叶女贞和金叶欧洲女贞的杂交种。常作绿篱。

420

木犀
桂花
Osmanthus fragrans
木犀属

东城桂·白居易（唐）
遥知天上桂花孤，
试问嫦娥更要无。
月宫幸有闲田地，
何不中央种两株。

常绿灌木或小乔木。单叶对生，革质，椭圆形至椭圆状披针形，长 4~12 cm，全缘或具细锯齿。花小，簇生于叶腋；花萼 4 裂；花冠 4 裂，白色，芳香。核果椭圆形，紫黑色。花期 9~10 月。

✿ 因叶脉形如圭而称"圭"；因材质致密，纹理如犀而称"木犀"；因自然生长在岩岭间而称"岩桂"；因花期正值中秋，香飘数里而称"天香"，是我国十大名花。"月宫仙桂"的神话成为美谈，邀月赏桂也成习俗。人们喜屋前"双桂当庭"而"流芳"，寄予崇高、贞洁、荣誉和吉祥寓意。桂花在人们的钟爱下形成了特有的文化意蕴。

☛ 花可作香料及药用。因花色、花期不同，栽培中有花橘红色或橙黄色、香味淡的丹桂 'Aurantiacus'；花淡黄白色、香味浓的银桂 'Odoratus'；花黄色、香气最浓的金桂 'Thunbergii' 和花黄白色、全年陆续开放的四季桂 'Semperflorens'。

马钱科 Loganiaceae

木本或草本。单叶对生或轮生。花两性，辐射对称，聚伞、圆锥、总状、头状或穗状花序；花萼 4~5 裂；花冠合瓣，4~5 裂；雄蕊与冠裂片同数互生；子房上位，2 室。浆果或蒴果。

421

醉鱼草
Buddleja lindleyana
醉鱼草属

落叶灌木。枝 4 棱，具窄翅；全株被星状毛。单叶对生，卵形至卵状长椭圆形，长 5~10 cm，全缘或具波状齿。穗状聚伞花序顶生；花 4 数；花萼钟状；花冠高脚碟状或钟状，紫色，筒长 1.5~2 cm，稍弯曲，芳香。蒴果长圆形。花期 6~7 月。

✿ 花芳香美丽，植于庭园或堤岸观赏。全株小毒；可作农药。

422

密蒙花
Buddleja officinalis
醉鱼草属

灌木。小枝 4 棱形，密生灰白色绒毛。单叶对生，披针形，长 5~10 cm，全缘或有小锯齿。聚伞圆锥花序顶生，芳香；花 4 数；花萼钟状；花冠白色或淡紫色，喉部黄色。蒴果。花期 2~4 月。

✿ 花芳香美丽，庭植观赏。花药用，清肝明目、退翳、止咳。

423

灰莉
非洲茉莉
Fagraea ceilanica
灰莉属

常绿小乔木。全株无毛。单叶对生，稍肉质有光泽，椭圆形至倒卵形，长 7~15 cm，全缘。花单生或二歧聚伞花序顶生；花冠大，漏斗状，白色，芳香，裂片 5。浆果。

✿ 枝叶茂密，叶色亮绿，常作大型盆栽植物观赏。

419

421

420

422

423

夹竹桃科   Apocynaceae

草本或木本。具乳汁。单叶对生或轮生；全缘。花两性，辐射对称，单生或为聚伞花序；花萼5裂；花冠合瓣，裂片5，旋转排列，喉部有附属物2；雄蕊5，常箭形，贴生在柱头上；具下位花盘；子房上位，1~2室。蓇葖果双生，偶浆果、核果或蒴果；种子有翅或丝毛。

424

长春花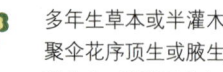
Catharanthus roseus
长春花属

多年生草本或半灌木。单叶对生，倒卵状矩圆形，长3~4 cm，先端圆。聚伞花序顶生或腋生；有花2~3朵；花冠红、粉红或白色，高脚碟状，裂片5。蓇葖果直立。花期几乎全年。

✿ 观赏或药用，可降压或治疗白血病、肿瘤等。

425

夹竹桃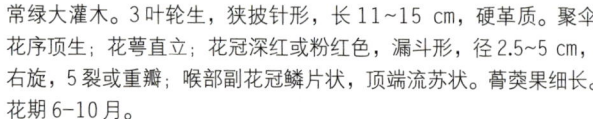
欧洲夹竹桃、粉花夹
竹桃、柳叶桃
Nerium oleander
夹竹桃属

常绿大灌木。3叶轮生，狭披针形，长11~15 cm，硬革质。聚伞花序顶生；花萼直立；花冠深红或粉红色，漏斗形，径2.5~5 cm，右旋，5裂或重瓣，喉部副花冠鳞片状，顶端流苏状。蓇葖果细长。花期6-10月。

✿ "青青韵里竹风摇，初夏红苞笑比桃。休与春花争宠爱，心香满树自妖娆"。夹竹桃因叶片如柳似竹，形色胜似桃花而得名。花开于夏季少花之时，有特殊香气，花期长，深受人们喜爱。全株入药，强心利尿；有毒，慎用。

426

白花夹竹挑
Nerium oleander 'Paihua'

为夹竹桃栽培品种。花白色，花期几乎全年。

427

萝芙木
Rauvolfia verticillata
萝芙木属

常绿灌木。单叶对生或3~5叶轮生，长椭圆状披针形，长5~12 cm，全缘。聚伞花序顶生；花萼5；花冠高脚碟状，白色，裂片5。核果椭圆形，红色。花期2-10月。

✿ 根、叶为"降压灵"原料。花果美丽，观赏期长，植庭观赏。

428

黄花夹竹桃
Thevetia peruviana
黄花夹竹桃属

常绿灌木或小乔木。单叶互生，条形或条状披针形，长10~15 cm。聚伞花序顶生；花萼5深裂；花冠黄色，漏斗状，裂片5，向左覆盖；喉部有5枚被毛鳞片。核果扁三角状球形。花期5-12月。

✿ 全株有毒，果实可提制强心药物，须慎用；庭植观赏。

429

络石
Trachelospermum jasminoides
络石属

常绿木质藤本。单叶对生，椭圆形或卵状披针形，长2~10 cm。聚伞花序腋生和顶生；花萼5深裂；花冠高脚碟状，白色，裂片5，右旋。蓇葖果细长。花期5-9月。

✿ 花洁白芳香，可作攀缘墙壁、山石的绿化材料。根、茎、叶、果实入药可祛风活络、清热解毒。全株有毒。

430

蔓长春花

Vinca major
蔓长春花属

常绿蔓性半灌木。叶缘、叶柄、花萼及花冠喉部有毛。单叶对生，卵形，长 3~8 cm，先端钝，全缘。花单生叶腋；萼 5；花冠漏斗状，径 3~5 cm，裂片 5，蓝紫色。花期 5~7 月。蓇葖果直立。

❀ 枝叶光滑青翠，花美丽，常作地被植物。

431

花叶蔓长春花
Vinca major 'Variegata'

为蔓长春花的栽培品种，叶边缘白色并有黄白色斑纹，常作地被植物或插花材料。

萝藦科　Asclepiadaceae

草本或小灌木。具乳汁。单叶对生或轮生，全缘。花两性，辐射对称，常为聚伞花序；花萼 5 深裂；花冠合瓣 5 裂，常具副花冠；雄蕊 5，与雌蕊形成合蕊柱，具载粉器；子房上位，2 心皮合生。蓇葖果常双生。种子具毛。

432

马利筋

Asclepias curassavica
马利筋属

多年生草本。单叶对生，披针形或椭圆状披针形，长 6~13 cm。花冠 5 裂，紫红色，反折；副花冠 5 裂，黄色或橙色。蓇葖果纺锤形。

❀ 全株药用，含强心甙；有毒，慎用。庭植观赏。

433

牛皮消
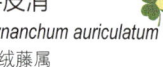
Cynanchum auriculatum
鹅绒藤属

蔓性半灌木。单叶对生，宽卵形，基部深心形，长 4~12 cm。聚伞花序伞房状，花达 30 朵；花萼裂片披针形；花冠白色，辐状，裂片反折；副花冠浅杯状。蓇葖果刺刀形。

❀ 块根药用，可治神经衰弱。

434

杠柳

Periploca sepium
杠柳属

落叶藤木。单叶对生，披针形，长 4~10 cm，叶面光亮。花冠深蓝紫色，径 2 cm，裂片 5，反折；副花冠杯状，端 5 裂。蓇葖果细长。

❀ 根皮药用，为中药"北五加皮"，可祛风湿；有毒，慎用。

旋花科　Convolvulaceae

蔓生或直立草本，常具乳汁。单叶互生。花两性，辐射对称，单生叶腋或成聚伞花序；有苞片；花萼 5，宿存；花冠常钟状或漏斗状，全缘或 5 裂；雄蕊 5；子房上位，1~2 室。常蒴果。

435

鼓子花

旋花、篱打碗花、
篱天剑
Calystegia silvatica
subsp. *orientalis*
打碗花属

多年生草本。茎缠绕或匍匐。单叶互生，三角状卵形，长 4~8 cm，先端急尖，基部箭形或戟形，浅裂或全缘。花单生叶腋；苞片 2，卵状心形，紧包花萼；花冠漏斗状，粉红色，长 4~6 cm，5 浅裂。

☛ 本种和打碗花（*C. hederacea*）区别在于后者为一年生矮小铺地草本，苞片、叶及花都较小；叶三角状戟形，花冠长 2~2.5 cm。与田旋花（*Convolvulus arvensis*）区别在于后者两个花苞片小，条形，远离花萼。

430

433

431

432

434

435

436

金灯藤
Cuscuta japonica
菟丝子属

一年生寄生草本。茎黄红色。花序穗状；花萼碗状，5 裂，有紫红色瘤状突起；花冠钟状，绿白色，5 浅裂；花柱长，合生为一，柱头 2 裂。蒴果卵圆形，近基部盖裂。种子入药，功效与菟丝子同。

437

马蹄金
Dichondra micrantha
马蹄金属

多年生匍匐草本。单叶互生，圆形或肾形，长 5~10 mm，基部心形，全缘。花小，黄色，单生叶腋；花冠钟状，5 深裂。

✿ 全草有清热解毒之效。

438

牵牛
牵牛花、裂叶牵牛
Ipomoea nil
番薯属

一年生缠绕草本。全株被毛。单叶互生，卵状心形，长 8~15 cm，常 3 裂。花 1~3 朵腋生；萼片披针状线形；花冠漏斗状，白、蓝紫或紫红色，5 浅裂。蒴果球形。花期 5~10 月。

✿ 牵牛和圆叶牵牛因花似喇叭得名"喇叭花"，又因花朝开午谢而名"朝颜"。人们熟知鹊桥，也有说牛郎织女是借"竹引牵牛花满街，疏篱茅舍月光筛"的牵牛花藤相会于银河，于是其花语有"爱情永固"之意。种子药用，小毒，有泻水利尿、杀虫之效。

439

圆叶牵牛
Ipomoea purpurea
番薯属

一年生缠绕草本。全株被毛。单叶互生，心形，长 5~12 cm。花单生或为伞形聚伞花序，腋生；萼片 5，卵状披针形；花冠漏斗状，紫、淡红或白色，5 浅裂。蒴果球形。花期 5~10 月。

440

茑萝松
茑萝、五角星花
Quamoclit pennata
茑萝属

一年生草本。茎柔弱缠绕，光滑无毛。叶互生，羽状细裂，长 4~7 cm。聚伞花序腋生，长于叶；萼片 5；花冠深红色，长 2.5 cm，筒上部稍膨大，檐部 5 浅裂；雄蕊 5，外伸。花期 7~9 月。

✿ 青青柔蔓，羽叶秀美，花如小精灵，即使"风雨虽急疾，根株不倾移"，依然攀附在夏的篱笆和枝头，清新宜人。全草清热消肿。

紫草科　Boraginaceae

草本。常被毛。单叶互生，稀对生，基生叶丛生。花两性，辐射对称，蝎尾状、螺状聚伞花序或其他花序；花萼 5，分离或基部合生；花冠筒状、钟状、漏斗状或高脚碟状，裂片 5；雄蕊 5；子房上位，2 或 4 室。核果或坚果。

441

柔弱斑种草
Bothriospermum zeylanicum
斑种草属

一年生小草本。茎被向上贴伏的糙伏毛。单叶互生，椭圆形或狭椭圆形，长 1.2~4.8 cm，顶端钝具小尖。花序狭长、柔弱，具苞片；花萼 5 裂近基部；花冠淡蓝色，径约 2 mm，喉部有附属物；花柱内藏。小坚果 4，肾形。

442

聚合草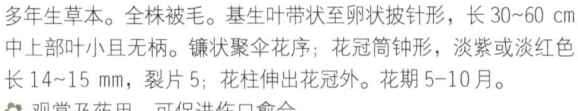
Symphytum officinale
聚合草属

多年生草本。全株被毛。基生叶带状至卵状披针形，长30~60 cm，中上部叶小且无柄。镰状聚伞花序；花冠筒钟形，淡紫或淡红色，长14~15 mm，裂片5；花柱伸出花冠外。花期5-10月。

❀ 观赏及药用，可促进伤口愈合。

443

弯齿盾果草
Thyrocarpus glochidiatus
盾果草属

一年生小草本。叶匙形或狭倒披针形，长1.5~6.5 cm。花序狭长；有苞片；花萼5深裂；花冠淡蓝色，径4.5 mm，5裂，喉部有附属物；雄蕊内藏。小坚果黑褐色，外有2层向内弯曲的突起。

❀ 全草药用，治咽喉肿痛。

444

附地菜
Trigonotis peduncularis
附地菜属

一年生草本。茎铺散。叶基生或互生，椭圆状卵形或匙形，长2 cm，有糙伏毛。花序长，无苞片；花萼5深裂；花冠淡蓝或淡紫红色，5裂，喉部黄色，附属物5；雄蕊内藏。小坚果四面体形。

❀ 全草入药，清热解毒。

马鞭草科　Verbenaceae

木本，稀草本。单叶或复叶，常对生。花两性，两侧对称，穗状或聚伞花序或排成其他花序；萼4~5裂，宿存；花冠合瓣，二唇形，4~5裂；雄蕊4；子房上位，2~4室。常核果或浆果。

445

三花莸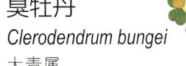
Caryopteris terniflora
莸属

小灌木。全株被灰白色柔毛；茎4棱。单叶对生，卵形或长卵形，长1.5~4 cm，顶端尖，缘具圆齿。聚伞花序腋生，花3~5朵；萼钟状，5裂；花冠顶端5裂，2唇形，紫红或淡红色，下唇中裂片宽倒卵形。蒴果4瓣裂。花果期6-9月。

❀ 全草入药，有解表散寒、宣肺之效。

446

臭牡丹
Clerodendrum bungei
大青属

落叶小灌木。单叶对生，宽卵形，长10~20 cm，基部心形，缘有锯齿，有强烈臭味。头状聚伞花序顶生；花萼紫红或绿色；花冠5裂，淡红至紫红色，长1.5 cm。浆果，蓝紫色。花期5-9月。

❀ 观赏或药用，根、茎、叶有祛风解毒、消肿止痛之效。

447

赪桐
Clerodendrum japonicum
大青属

落叶灌木。单叶对生，宽卵形或心形，长15~30 cm，基部心形，缘有细齿，上面疏生糙毛，下面有土黄色腺点。大型聚伞圆锥花序顶生；花萼红色，5深裂；花冠红色，筒部细长，端5裂并开展。果实近球形，熟时蓝黑色。花果期5-11月。

❀ 全株药用，有祛风利湿、消肿散瘀之效。

448

海州常山
Clerodendrum trichotomum
大青属

落叶灌木或小乔木。单叶对生，有臭味；卵形至广卵形，长5~15 cm，背面有柔毛，基部截形或宽楔形，全缘或疏生波状齿。伞房状聚伞花序；花萼紫红色，5裂，宿存；花冠白色或带粉红色；雄蕊长而外露。核果蓝紫色。花果期6-11月。

✿ 花期长，花后蓝果有宿存红萼，经冬不落，是美丽的观花观果树种。全株入药，有祛风湿、清热利尿、止痛、平肝降压之效。

449

假连翘
Duranta erecta
假连翘属

常绿灌木。枝条常拱形下垂，有刺。单叶对生，卵状椭圆形或倒卵形，长3~6 cm，中部以上有锯齿。总状花序顶生或腋生；花萼5；花冠蓝色或淡蓝紫色，高脚碟状，花筒稍弯曲，5裂。核果球形，桔黄色。花果期5-10月。

✿ 庭植观赏或作绿篱材料。果实具有截疟，活血止痛之效。

450

马缨丹
五色梅
Lantana camara
马缨丹属

直立或半藤状灌木。有臭味；茎4棱。单叶对生，卵形至卵状矩圆形，长3~9 cm，缘有锯齿。头状花序腋生；花冠黄、橙黄至深红色，4~5浅裂。果实圆球形，紫黑色。花期5-11月。

✿ 花初开至盛放时色彩丰富，是美丽的入侵植物。入药有清热解毒、散结止痛、祛风止痒之效。叶及未成熟果实有毒。

451

美女樱
Verbena hybrida
马鞭草属

多年生草本。茎4棱，横展匍匐；全株被柔毛。单叶对生，长圆形、卵圆形或披针状三角形，具缺刻状粗齿。穗状花序顶生，密集成伞房状；花萼5裂；花冠漏斗状，5裂，各色。蒴果。花期4-11月。

✿ 霜降前开花不断，为良好的观花地被植物。

452

细叶美女樱
Verbena tenera
马鞭草属

多年生草本。单叶对生，三深裂，每个裂片再羽状分裂，小裂片呈条状，先端尖，全缘。伞房状穗状花序顶生；花冠漏斗状，5裂，花色丰富。蒴果。花期4-11月。

✿ 观花地被植物。

453

马鞭草
Verbena officinalis
马鞭草属

多年生草本。茎4棱。单叶对生，基生叶卵圆形至长圆形，长2~8 cm，缘有粗齿或分裂；茎生叶无柄，多3深裂，有粗毛。穗状花序，细长；花冠淡紫色或蓝色，裂片5。蒴果长圆形。

✿ 全草有清热解毒、活血散瘀、利尿消肿之效。

448

449

450

451

452

453

454

黄荆
Vitex negundo
牡荆属

落叶灌木或小乔木。小枝 4 棱。掌状复叶对生；小叶 5，间有 3，中小叶最大，卵状长椭圆形至披针形，全缘或中部有少数粗齿，下面密被灰白色绒毛。圆锥花序顶生；花萼钟状，5 裂；花冠淡紫色，5 裂，二唇形。果实球形、黑色。花期 4~6 月。

✿ 茎可治久痢；种子作镇静、镇痛药；花和枝叶可提芳香油。

☛ 本种与变种牡荆(var. *cannabifolia*)的主要区别在于后者小叶 5，少有 3，边缘有粗锯齿，下面淡绿色，无毛或稍有毛。

唇形科　Lamiaceae (Labiatae)

草本，含芳香油。茎 4 棱。叶常对生。花两性、两侧对称，轮伞花序再组成穗状或总状；花萼 5 裂或二唇；花冠 5 裂，2 唇形；雄蕊 4，二强；子房上位，4 深裂成假 4 室。4 分小坚果。

455

藿香
Agastache rugosa
藿香属

多年生草本。单叶对生，心状卵形至矩圆状披针形，长 4.5~11 cm，具齿裂。轮伞花序组成假穗状；花萼筒状，5 裂；花冠淡蓝紫色，上唇微凹，下唇 3 裂，中裂片最大。小坚果近球形。花期 6-9 月。

✿ 茎叶药食，俗称土藿香，和广藿香功效相近，健胃、解热、镇吐。

456

金疮小草
Ajuga decumbens
筋骨草属

一二年生草本，具匍匐茎，被白色柔毛。单叶对生，匙形或倒卵状披针形，长 3~6 cm，缘有锯齿。轮伞花序排成穗状；花萼 5 裂；花冠淡蓝色至白色，上唇直立，圆形，微凹，下唇宽大、伸延，3 裂，中裂片倒卵形。小坚果倒卵状三棱形。花期 3-7 月。

✿ 全草入药，治疗疮毒；亦作观花地被植物。

457

风轮菜
Clinopodium chinense
风轮菜属

多年生草本。单叶对生，卵形，长 2~4 cm，基部圆或宽楔形，缘具锯齿。轮伞花序具多花，半球形；花萼狭筒状，带紫红色；花冠紫红色，上唇直伸，下唇 3 裂。小坚果倒卵形。花期 5-8 月。

458

细风轮菜
瘦风轮
Clinopodium gracile
风轮菜属

一年生草本。被毛，具匍匐茎。叶卵形，长约 1 cm，顶端钝，基部圆，缘具疏齿。轮伞花序疏离或于茎顶排成短总状花序；花冠白色或紫红色，上唇直伸，下唇 3 裂。小坚果卵球形。花期 6-8 月。

✿ 全草入药拔毒消炎。

459

五彩苏
彩叶草、五色草
Coleus scutellarioides
鞘蕊花属

多年生草本。叶卵圆形，先端钝或短渐尖，基部宽楔或圆，缘具锯齿，有黄、红、紫、绿等色。轮伞花序组成圆锥花序；花冠淡蓝紫色，冠筒骤下弯，上唇直伸，下唇舟形。小坚果褐色。花期 4-9 月。

✿ 观叶植物，叶色丰富且有各色斑纹，布置花坛或作镶边材料。

454

455

456

457

458

459

460

活血丹
Glechoma longituba
活血丹属

多年生草本。叶心形或近肾形，长宽各 1.8~2.6 cm，被毛，缘具粗齿。轮伞花序；花冠淡蓝色至紫色，二唇形，上唇直伸，下唇 3 裂，中裂片肾形，具深色斑点。小坚果矩圆状卵形。花期 4~6 月。

✿ 全草入药，治尿路结石。

461

夏至草
Lagopsis supina
夏至草属

多年生草本。茎被微柔毛。叶近圆形，径 1.5~2 cm，3 深裂，下面被腺点。轮伞花序疏花；苞片刺状，弯曲；花萼筒状钟形；花冠白色，稀粉红色，外被长柔毛，上唇近直立，全缘，下唇 3 裂，中裂片宽椭圆形；雄蕊内藏。小坚果长卵形。花期 3~4 月。

✿ 全草入药，活血调经。

462

益母草
Leonurus japonicus
益母草属

一二年生草本。茎有倒向糙伏毛。基生叶卵形，5~9 浅裂，茎生叶对生，常 3 全裂，裂片再裂成长圆形至条形。轮伞花序腋生；苞片针刺状；花萼漏斗状；花冠粉红至淡紫红色，长 1~2 cm，上唇直伸，内凹，下唇 3 裂，中裂片倒心形。小坚果长圆状三棱形。花期 6~9 月。

✿ 全草活血调经，为妇科良药。

463

薄荷
Mentha canadensis
薄荷属

多年生草本，具清凉香气。叶长圆状披针形至椭圆形，长 3~5 cm，基部楔形至近圆形，缘有锯齿，两面有毛。轮伞花序腋生；花冠淡紫色，檐部 4 裂，上裂片较大，其余 3 裂近等大。小坚果卵球形。

✿ "薄荷花开蝶翅翻，风枝露叶弄秋妍" 的薄荷是传统芳香油植物，全草入药，治流感、头疼目赤，外用治皮疹和湿疹等。

464

紫苏
白苏
Perilla frutescens
紫苏属

一年生草本。全株绿色或紫色。叶卵形或卵圆形，缘有粗锯齿，绿色（白苏）或紫色（紫苏）。轮伞花序 2 花，排成假总状花序；花冠紫红、粉红至白色，上唇微缺，下唇 3 裂。花期 8~11 月。

✿ 香料植物；全草入药，有发汗、镇咳祛痰、健胃利尿和解毒之效；种子油可食用。

465

回回苏
鸡冠紫苏
Perilla frutescens var. *crispa*
紫苏属

紫苏变种。叶具狭而深的锯齿，呈皱褶状，常为紫色；果萼较小。

460 461 462 463 464 465

466

蓝花鼠尾草
一串兰
Salvia farinacea
鼠尾草属

多年生草本。叶对生，长椭圆形，长 3~5 cm，有折皱，灰绿色。轮伞花序排成穗状；花萼深紫色；花冠蓝紫色，上唇近直立，盔状，被毛，下唇 3 裂，宽倒梯形，平展。花期 5-10 月。

❁ 由于薰衣草花期短，不耐水湿，因此园林中常用该种和适应性强的柳叶马鞭草（*Verbena bonariensis*）组成蓝色花海景观。

467

荔枝草
Salvia plebeia
鼠尾草属

多年生草本，被毛。叶椭圆状卵形或披针形，长 2~6 cm，缘具锯齿。轮伞花序具 6 花，组成顶生假总状或圆锥花序；花冠淡红色至蓝紫色，稀白色，长 4.5 mm，上唇长圆形，下唇中裂片宽倒心形。

❁ 全草药用，可治跌打损伤、流感、咽喉肿痛等。

468

一串红
爆仗红
Salvia splendens
鼠尾草属

半灌木状草本。叶卵形或三角状卵形，长 2.5~7 cm，基部平截或近圆，缘具锯齿。轮伞花序组成总状花序；苞片、花萼、花梗和花冠均为红色；花冠上唇直伸，长圆形，下唇中裂片半圆形。花期 7-10 月。

❁ 花朵繁密，色彩艳丽，常作花丛花坛的主体材料。

469

半枝莲
Scutellaria barbata
黄芩属

多年生草本。叶三角状卵形至卵状披针形，长 1.3~3.2 cm，基部宽楔形或近平截，缘具钝齿；近无柄。花单生叶腋；花冠紫蓝色，长 9~13 mm，下唇中裂片梯形。小坚果扁球形。花果期 4-7 月。

❁ 全草入药清热解毒，治蛇伤。

470

韩信草
Scutellaria indica
黄芩属

多年生草本。茎常暗紫色，被毛。单叶对生，心状卵形或卵状椭圆形，长 1.5~3 cm，缘具圆齿，两面被毛。花对生，排成总状花序；花萼盾片果时增大；花冠蓝紫色，长 1.4~1.8 cm，筒前方基部膝曲，下唇中裂片圆状卵形。小坚果卵形。花果期 2-6 月。

❁ 全草外用治跌打损伤，内服平肝消热。

茄科　Solanaceae

　　草本或灌木。单叶互生。花两性，辐射对称，聚伞花序或单生；花萼宿存，5 裂；花冠合瓣，常 5 裂；雄蕊 5，着生于花冠筒上；子房上位，心皮 2，2~5 室。浆果或蒴果。

471

鸳鸯茉莉
二色茉莉、双色茉莉
Brunfelsia acuminata
番茉莉属

常绿灌木。单叶互生，椭圆形至卵状披针形，长 4~12 cm，全缘。花单生或为聚伞花序；花萼宽钟状；花冠高脚碟状，冠檐 5 裂，径约 3.5 cm，蓝紫色至白色，芳香。花期 4-10 月。

❁ 叶色翠绿，花色紫、蓝、白相间，具香味，庭植观赏。

466

467

468

469

470

471

472

朝天椒
五色椒
Capsicum annuum
var. conoides
辣椒属

多年生半木质灌木。茎多二歧分枝。单叶互生，卵形，长 4~7 cm。花单生于二分叉间；花冠白色或带紫色。果实直立，圆锥状，熟后红色或紫色。果期 8~10 月。
✿ 食用及观赏。

473

夜香树
木本夜来香
Cestrum nocturnum
夜香树属

灌木。枝条长而下垂。单叶互生，卵状椭圆形至披针形，长 8~15 cm，基部近圆形，全缘。伞房状聚伞花序；花冠高脚碟状，筒细长，5 浅裂，绿白色至黄绿色，晚间极香。浆果。
✿ 夏秋开花，花期长，是良好的芳香观赏植物。

474

木本曼陀罗
Datura arborea
曼陀罗属

常绿灌木或小乔木。单叶互生，卵形至长椭圆形，先端尖，基部楔形，全缘或有齿。花单生叶腋，花冠长漏斗状 5 裂，俯垂，长 15~23 cm，白色，先端长渐尖。浆果状蒴果，广卵状。花期 7~9 月。
✿ 枝叶扶疏、花形美观、香味浓烈、花期长，观赏价值高。有毒。

475

曼陀罗
Datura stramonium
曼陀罗属

直立草本。单叶互生，宽卵形，长 8~12 cm，不规则浅裂，裂片具短尖头。花单生枝分叉处或叶腋，直立；花萼筒有 5 棱角，上部向内收缩；花冠漏斗状，白或紫色。蒴果直立，卵状，表面有针刺或无，规则 4 裂。花期 6~10 月。
✿ 全株有毒，入药有镇静、镇痛和麻醉之效。
☛ 本种和洋金花（*D. ametel*）的区别在于后者花萼筒为直筒形，果实斜生至横向生，球形，表面针刺短而粗壮，不规则 4 裂。

476

枸杞
Lycium chinense
枸杞属

落叶灌木。枝细长柔弱，有棱，有刺。单叶互生或簇生；卵形至卵状披针形，长 2~5 cm，全缘。花常 1~4 朵簇生于叶腋；花萼钟状；花冠漏斗状，5 裂，紫色。浆果卵形，红色。果花期 5~11 月。
✿ 栽培观赏或作盆景材料。果实有滋补肝肾，益精明目之效。

477

番茄
西红柿
Lycopersicon esculentum
番茄属

一或多年生草本。全株被毛。羽状复叶或羽状深裂，长 10~40 cm，小叶卵形或长圆形，缘有缺刻状锯齿。聚伞花序腋外生；花萼裂片 5~7；花冠辐状，黄色，5~7 深裂，常反折；雄蕊 5~7，花药聚合。浆果扁球状或近球状，红色或黄色。
✿ 栽培作蔬菜或水果；茎、叶可作农药。

472

473

474

475

476

477

478

假酸浆
Nicandra physalodes
假酸浆属

一年生草本。单叶互生，卵形或椭圆形，长 4~12 cm，缘具粗齿或浅裂。花单生于叶腋，俯垂；花萼钟状，5 深裂；花冠钟状，淡蓝色，冠檐 5 浅裂。浆果球形，为宿萼包被。

❀ 全草有镇静祛痰、清热解毒之效；种子可制冰粉食用。

479

烟草
Nicotiana tabacum
烟草属

一年生草本。全株被腺毛。单叶互生，矩圆形，长 10~30 cm，基部渐狭而半抱茎，稍呈耳状，全缘或微波状。圆锥花序顶生；花萼坛状，5 裂；花冠长管状漏斗形，淡红色或白色。蒴果卵球形。

❀ 叶为卷烟和烟丝的原料，含尼古丁，有剧毒；全株亦作农药。

480

碧冬茄
矮牵牛
Petunia hybrida
碧冬茄属

一年生或多年生草本。全株被腺毛。单叶互生或假对生，卵形，近无柄，全缘。花单生叶腋；花萼 5 深裂；花冠漏斗状或高脚碟状，长 5~7 cm，5 钝裂，花瓣变化大，单瓣或重瓣，白、堇或深紫等色或有各种斑纹；柱头 2 浅裂。蒴果 2 室。花期 4~10 月。

❀ 花大色艳，园艺品种极多，可布置花坛或片植观赏。

☛ 花与旋花科牵牛花相似，区别在于后者为缠绕草本；叶心形，全缘或 3 裂；花冠极浅裂，端有突尖；柱头头状；蒴果 3 室。

481

白英
Solanum lyratum
茄属

草质藤本。被毛。单叶互生，椭圆形或琴形，长 3.5~5.5 cm，基部心形或戟形，3~5 深裂或全缘。聚伞花序顶生或腋外生；花萼杯状，萼齿 5；花冠蓝紫色或白色，5 深裂。浆果球形，熟时黑红色。

❀ 全草清热解毒、祛风湿，可治牙痛。

482

龙葵
Solanum nigrum
茄属

一年生草本。单叶互生，卵形，长 2.5~10 cm，全缘或有波状粗齿。短蝎尾状花序腋外生；花萼杯状；花冠白色，辐状，长 3 mm。浆果球形，熟时黑色。

❀ 全草入药，散瘀消肿、清热解毒。

483

珊瑚樱
Solanum pseudocapsicum
茄属

小灌木。全株无毛。单叶互生，狭矩圆形或披针形，长 1~6 cm，全缘或波状。花常单生；花萼 5；花冠白色，檐部 5 裂。浆果橙红色。果熟期 11 月至翌年 2 月。

❀ 全株有毒。果色鲜艳，玲珑可爱，盆栽观赏或作地被植物。

☛ 与变种珊瑚豆（var. *diflorum*）的区别在于后者幼枝及叶下面沿叶脉常生有星状簇绒毛。

478

479

480

481

482

483

484

阳芋
马铃薯、土豆、洋芋
Solanum tuberosum
茄属

多年生草本。具地下块茎。奇数羽状复叶互生；小叶 6~8 对，常大小相间，卵形或矩圆形，两面有毛。伞房花序顶生；花白色或紫红色，径 2.5~3 cm，5 浅裂。浆果近球状。

❀ 块茎含淀粉，食用和工业用。

485

刺天茄
Solanum violaceum
茄属

灌木。全株有毛和皮刺。叶卵形，长 5~11 cm，先端钝，基部心形或截形，5~7 深裂或波状圆裂。花序蝎尾状，腋外生；花冠辐状，蓝紫或白色，深 5 裂。浆果球形，橙黄色，宿萼外折，有针刺。

❀ 根药用，有祛风燥湿、散结消肿之效。

玄参科　Scrophulariaceae

草本或木本。单叶互生、对生或轮生。花两性，两侧对称，排成各式花序；萼 4~5，宿存；花冠合瓣，裂片 4~5，裂片多少不等或 2 唇形；雄蕊 4，2 强；子房上位，2 心皮，2 室。常蒴果。

486

金鱼草
Antirrhinum majus
金鱼草属

多年生草本。单叶互生及对生，披针形至矩圆状披针形，长 2~6 cm，全缘。总状花序顶生，被腺毛；花萼 5 深裂；花冠颜色多，基部下延成兜状，上唇直立，2 裂，下唇 3 裂，开展外曲。花期 3-6 月。

❀ 因花似金鱼而得名，片植观赏或配置花坛、花境。

487

蒲包花
Calceolaria crenatiflora
蒲包花属

多年生草本。全株被毛。单叶对生，卵形。聚伞花序，花冠二唇状，上唇瓣直立较小，下唇膨大如荷包，花色多并有斑纹。花期 2-5 月。

❀ 花型奇特，色泽鲜艳，为早春重要盆栽花卉之一。

488

通泉草
Mazus pumilus
通泉草属

一年生草本。单叶对生或互生，倒卵形至匙形，长 2~6 cm，具粗齿。总状花序顶生；花冠紫色或蓝色，长 10 mm，上唇短直，2 裂，下唇 3 裂，中裂片倒卵圆形，平头。蒴果球形。

489

毛泡桐
Paulownia tomentosa
泡桐属

落叶乔木。嫩枝叶和花序被黄褐色星状毛。单叶对生，广卵形至卵形，长达 20 cm，全缘或波状浅裂。聚伞圆锥花序顶生；花序侧枝短，成狭圆锥形；有与花梗等长的总花梗；小聚伞花序有花 3~5；花萼浅钟状，5 裂；花冠漏斗状，基部驼曲，曲处膨大，腹部有纵褶，外面淡紫色，有毛，内面白色，有紫色条纹。蒴果木质，卵圆形，先端锐尖，长 2~4 cm。花期 4-5 月。

☛ 与白花泡桐（*P. fortunei*）的区别在于后者叶片长卵状心脏形；花序因侧枝无或短而成圆柱形，花冠管基部扩大，无明显纵褶，白或浅紫色；蒴果长椭圆形，长 6~10 cm，宿萼开展或漏斗状。

484

485

486

487

488

489

490

玄参
*Scrophularia
ningpoensis*
玄参属

多年生大草本。茎方形。单叶对生和互生，卵形至披针形，长10~30 cm，基部楔形、圆形或近心形，缘具细锯齿。聚伞圆锥花序大而疏，小聚伞花序常2~4回分枝；花萼5裂；花冠褐紫色，长8~9 mm，上唇长于下唇。蒴果卵形。
❀ 根药用，滋补、消肿解毒。

491

蓝猪耳
夏堇
Torenia fournieri
蝴蝶草属

一年生草本。茎四方形。单叶对生，卵形或卵状披针形，长3~5 cm，缘有锯齿。花腋生或为顶生总状花序；花萼膨大，有5条棱状翼；唇形花冠，蓝、紫、桃红等色，下唇中裂片有黄斑。花期7-10月。
❀ 株形玲珑，花色丰富，常配置花坛、花境。

492

北水苦荬
*Veronica
anagallis-aquatica*
婆婆纳属

多年生草本。全株无毛。单叶对生，椭圆形或长卵形，长2~10 cm，全缘或有锯齿；无柄。总状花序腋生；花梗与花序轴成锐角；花萼裂片果期不紧贴蒴果；花冠浅蓝紫色或白色，径4~5 mm，裂片4；花柱长2 mm。蒴果近圆形。
❀ 因昆虫寄生而肿胀的果可药用，治跌打损伤；嫩苗可蔬食。

493

水苦荬
Veronica undulata
婆婆纳属

与北水苦荬区别在于本种茎、花序轴、花梗、花萼和蒴果有腺毛；叶片有时为条状披针形，缘有尖锐锯齿；花梗果期与花序轴几乎成直角；花柱长1~1.5 mm。
❀ 带虫瘿的全草入药，治跌打损伤及妇科病。

494

婆婆纳
Veronica polita
婆婆纳属

一年生草本。茎铺散，被柔毛。单叶对生，心形或卵形，长5~10 mm，有钝齿。总状花序长；花梗比苞片略短；花冠蓝紫色至粉色，辐状，径4~8 mm，裂片4；雄蕊2。蒴果近肾形，稍扁，密被柔毛，凹口成直角；无明显网脉；裂片圆；花柱与凹口齐或略超出。
❀ 早春开花植物，茎叶味甜，可食。

495

阿拉伯婆婆纳
Veronica persica
婆婆纳属

本种与婆婆纳相似，区别在于本种花梗比苞片长；花冠蓝色、紫色或蓝紫色；蒴果肾形，具明显网脉，凹口大于90°；裂片钝；花柱明显伸出凹口。

490

491

492

493

494

495

紫葳科　Bignoniaceae

木本，稀草本。单叶或复叶，对生。花两性，两侧对称，圆锥或总状花序；萼管状；花冠合瓣，钟状至漏斗状，常2唇形，裂片4~5；发育雄蕊4；子房上位；1~2室。常蒴果。种子常有翅。

496

凌霄
Campsis grandiflora
凌霄属

咏凌霄花·贾昌朝（宋）
披云似有凌云志，
向日宁无捧日心。
珍重青松好依托，
直从平地起千寻。

落叶木质藤木。具气生根。奇数羽状复叶对生；小叶7~9，长卵形至卵状披针形，有粗齿，无毛。聚伞或圆锥花序顶生；花萼钟状，5裂至中部，裂片披针形；花冠漏斗状，红或橘红色。花期7~8月。

❀ 花形美色艳，枝蔓高挂，是我国传统名花，有"志存高远"的寓意。然而对其附木而上、引蔓攀缘褒贬不一，白居易曾劝世人勿学凌霄"朝为拂云花，暮为委地樵"。花入药，凉血破瘀、祛风通经。

☛ 与厚萼凌霄（*C. radicans*）区别在于后者小叶9~11，叶下有毛，花萼棕红色，裂至1/3处，裂片卵状三角形。

497

梓
Catalpa ovata
梓属

落叶乔木。叶对生，时有轮生，宽卵形或近圆形，长10~25 cm，3~5浅裂，基部心形，叶脉疏生长柔毛。圆锥花序；花冠淡黄色，内有紫斑及黄条纹，长约2 cm。蒴果长20~30 cm。花期5-6月。

❀ 作庭荫树及行道树。果药用，有利尿之效。

498

蓝花楹
巴西紫葳
Jacaranda mimosifolia
蓝花楹属

落叶乔木。2回奇数羽状复叶，对生，羽片常16对以上，每一羽片有小叶10~24对；小叶长椭圆形，长约6 mm。圆锥花序，长达30 cm；花冠筒状，蓝紫色，檐部二唇形。蒴果木质，扁圆形。花期5-6月。

❀ 树形枝叶婆娑雅致，蓝紫花朵布满枝头，是美丽的观叶观花树种。

499

菜豆树
幸福树
Radermachera sinica
菜豆树属

小乔木。2回稀3回奇数羽状复叶对生；小叶卵形至椭圆状披针形，长3~7 cm，先端长尾尖，基部楔形，革质，全缘。顶生圆锥花序；花冠黄白色，漏斗状，端5裂。蒴果细长常扭曲。花期5-9月。

❀ 观叶植物。根、叶、果入药，可凉血消肿，治跌打损伤。

☛ 本种与五加科幌伞枫的区别在于后者为3~5回羽状复叶，在大枝上互生，主干有环痕；小叶在羽轴上对生，椭圆形，长5.5~13 cm，先端短尖；花小；果扁形。

苦苣苔科　Gesneriaceae

常草本或灌木。单叶基生或对生。花两性，两侧对称，单生或为聚伞花序；萼管状，5裂；花冠常5裂，上部偏斜；雄蕊4，2长2短，着生于花冠上；子房上位至下位，常1室。蒴果。

500

大岩桐
Sinningia speciosa
大岩桐属

多年生草本。全株被白绒毛。单叶对生，厚，卵圆形或长椭圆形，有锯齿。花冠钟状，先5~6浅裂或重瓣，色彩丰富。花期4-11月。

❀ 花大色艳，花期长，常盆栽观赏。

496

497

498

499

500

爵床科　Acanthaceae

草本或灌木。单叶对生。花两性，两侧对称，各种花序；有苞片和小苞片；萼5深裂；花冠合瓣，2唇形或近相等5裂；雄蕊4或2，着生花冠管上；子房上位，2室。蒴果。

501

虾蟆花
金蝉脱壳
Acanthus mollis
老鼠簕属

常绿直立亚灌木。叶大型，椭圆形至长椭圆状披针形，长可达1 m，羽状分裂。大型穗状花序顶生；苞片卵形，边缘有刺；花冠2唇，上唇极小而成单唇状，下唇3裂，伸展，白色。花期4~7月。
❀ 花序多而显著，花形似蝉，奇特有趣，常配置花境。

502

虾衣花
麒麟吐珠
Calliaspidia guttata
麒麟吐珠属

常绿亚灌木。全株有毛。单叶对生，卵形，长2.5~6 cm，全缘。穗状花序顶生，稍弯垂；苞片砖红色；萼白色；花二唇形，白色，长3.2 cm，伸向苞片外。
❀ 苞片宿存，重叠成串，似龙虾，供观赏。

503

鸭嘴花
Justicia adhatoda
爵床属

常绿灌木。各部揉后有特殊臭气。单叶对生，长椭圆状披针形，长8~15 cm，全缘。穗状花序腋生；花冠白色有紫纹，长约2.5 cm，2唇形，下唇稍宽而3深裂，上唇2微裂。蒴果近木质。花期4~7月。
❀ 全株药用，治跌打损伤；亦作绿篱。

504

金苞花
黄虾衣花
Pachystachys lutea
金苞花属

常绿亚灌木。茎节膨大。单叶对生，长椭圆形，两面粗糙。穗状花序顶生；苞片黄色，重叠排列在穗轴上，4行排列呈塔形；花冠白色。蒴果。花期4~5月。
❀ 金黄色苞片可保持2-3个月，是花叶俱美的观赏花木。

505

板蓝
马蓝
Strobilanthes cusia
紫云菜属

多年生草本。根茎粗壮，断面蓝色。单叶对生，椭圆形或卵形，长10~20 cm，缘有锯齿，具光泽。穗状花序直立；苞片对生；花萼裂片5，条形；花冠淡紫色，长4.5~5 cm，花冠筒近中部弯曲而下部变细，裂片5，几相等。蒴果长2~2.2 cm。花期11月。
❀ 根、叶有清热解毒、凉血消肿之效，可预防流感；茎叶作染料。

车前科　Plantaginaceae

草本。叶近基生。花小，两性，辐射对称，穗状花序生于花葶上；萼筒4裂；花冠4裂；雄蕊4；子房上位，2心皮，2室。膜质蒴果或坚果。

506

车前
Plantago asiatica
车前属

多年生草本。基生叶直立或平铺，卵形至长圆状卵形，长4~15 cm，全缘或有疏齿。穗状花序长10~30 cm；花小，白色。蒴果卵状圆锥形。
❀ 种子入药，有利水清热、止泻、明目之效。

茜草科　Rubiaceae

草本或木本。单叶对生或轮生，全缘；具托叶。花两性，辐射对称，各种花序；花萼4~5裂；花冠合瓣，4~5裂；雄蕊与花冠裂片同数；子房下位，心皮常2，2室。蒴果、核果或浆果。

507

猪殃殃
Galium spurium
拉拉藤属

蔓生或攀缘状草本。茎4棱；有小刺毛。叶4~8片轮生，条状披针形，长1~5 cm，有尖头；近无柄。聚伞花序腋生或顶生，1~3花，花小，4数，黄绿色。果坚硬，密被钩毛。

✿ 全草药用，清热解毒，消肿止痛。

508

栀子
Gardenia jasminoides
栀子属

常绿灌木。单叶对生或3叶轮生，倒卵状长椭圆形，长7~13 cm，全缘，无毛，革质有光泽。花单生枝顶，花冠白色，高脚碟状，径达7.5 cm，裂片5~8，旋转排列，浓香。果黄橙色，卵状至长椭圆状，有翅状纵棱6条，花萼宿存。花期5-7月。

✿ 因果实像酒杯故名"卮"。叶青翠，花洁白芳香，是我国传统名花。杜甫有诗记载了栀子的观赏和实用价值，"栀子比众木，人间诚未多。于身色有用，与道气伤和。红取风霜实，青看雨露柯。无情移得汝，贵在映江波"。果作染料或入药，泻火除烦，凉血解毒。

509

白蟾
玉荷花、重瓣栀子
Gardenia jasminoides
var. *fortuniana*
栀子属

花较大，重瓣，庭园栽培较普遍。

510

雀舌栀子
水栀子
Gardenia jasminoides
var. *radicans*
栀子属

植株矮小；叶小，倒披针形，长4~8 cm；花也小，重瓣。栽培观赏或作地被材料。

511

龙船花
Ixora chinensis
龙船花属

常绿灌木。单叶对生，倒卵状长椭圆形，长6~13 cm。伞房花序顶生；径6~12 cm；花冠红或红黄色，高脚碟状，裂片4。花期5-9月。

✿ 花红色美丽，花期长，常盆栽观赏。缅甸国花。

512

臭鸡矢藤
鸡矢藤
Paederia foetida
鸡矢藤属

多年生缠绕藤本。单叶对生，宽卵形至披针形，长5~15 cm，基部宽楔形至浅心形。聚伞状圆锥花序；花萼5裂；花冠筒钟形，长10~12 mm，白色至淡紫红色，5裂。果球形，淡黄色。花期5-7月。

✿ 药用，消食、祛风湿、化痰止咳。

507

508

509

510

511

512

513

茜草
Rubia cordifolia
茜草属

多年生草质攀缘藤本。小枝4棱，有倒刺。4叶轮生（2片为托叶），卵状心形，长2~9 cm，粗糙；叶柄长短不齐。聚伞花序排成疏松的圆锥花序状；花小，黄白色；花冠辐状，裂片5。球形浆果，黑色。

✿ 根药用，止血，去瘀。

514

金边六月雪
Serissa japonica
'Aureo-marginata'
白马骨属

常绿小灌木。单叶对生，革质，狭椭圆形，长0.7~2 cm，边缘黄色。花小，白色，花冠漏斗状，5裂，长约1 cm。花期6-7月。

✿ 叶小枝密，花白如雪，干老枝虬，作绿篱或盆景材料。六月雪栽培变种，常见的还有重瓣六月雪 'Pleniflora'。

515

钩藤
Uncaria rhynchophylla
钩藤属

常绿藤本。小枝4棱；具钩状枝刺。单叶对生，椭圆形，长6~10 cm；托叶2裂。头状花序单生或为总状花序，花5数；花冠黄色。蒴果。

✿ 钩和小枝药用，有清血平肝、息风定惊之效。

忍冬科　Caprifoliaceae

木本，稀草本。单叶对生，稀羽状复叶。花两性，辐射或两侧对称，聚伞花序；花萼4~5裂；花冠4~5裂，有时2唇形；雄蕊与瓣裂片同数而互生；子房下位，2~5室。浆果、蒴果或核果。

516

忍冬
金银花
Lonicera japonica
忍冬属

半常绿缠绕藤木。小枝有毛。单叶对生，宽披针形至卵状椭圆形，长3~5 cm。花成对腋生；花冠二唇形，长3~4 cm，上唇4裂，下唇长而反卷，花白色，落前变黄，芳香。浆果黑色。花期5-7月。

✿ 叶凌冬不凋而得名忍冬。花开馨香，一簇两花，黄白相映，故称金银花。"金虎胎含素，黄银瑞出云。参差随意染，深浅一香薰"的金银花是我国传统名花和中药材，花蕾清热解毒、抗菌消炎。

517

红白忍冬
Lonicera japonica
var. *chinensis*
忍冬属

忍冬变种。幼枝紫黑色。幼叶带紫红色。花冠外面紫红色，内面白色，上唇裂片较长，裂隙深超过唇瓣的1/2。观赏或药用。

518

日本珊瑚树
法国冬青、法国珊瑚树
Viburnum odoratissimum
var. *awabuki*
荚蒾属

常绿小乔木。单叶对生，革质有光泽，倒卵状长椭圆形，长7~20 cm，全缘或上部有疏钝齿。顶生圆锥花序；花小，白色，花冠筒长3.5~4 mm，裂片短于筒部。核果椭圆形，红色，后蓝黑色。花期5-6月。果熟期9-10月。

✿ 对煤烟及有毒气体抗性强，常作绿篱或工厂区绿化树。

519

绣球荚蒾
木绣球
Viburnum macrocephalum
荚蒾属

落叶或半常绿灌木。单叶对生，卵形或卵状椭圆形，长 5~10 cm，有细齿。聚伞花序成球状，几乎全为白色不育花，花期 4~5 月。

✿ 树姿舒展，白花满树，犹如积雪压枝，清香满园，故有雪球之名。

☞ "烟花三月下扬州"指的是琼花（f. *keteleeri*）。琼花花序外有白色不孕边花，中间为两性小花，结实。

520

蝴蝶戏珠花
蝴蝶荚蒾
Viburnum plicatum
f. *tomentosum*
荚蒾属

落叶灌木。单叶对生，卵形至倒卵形，有锯齿，侧脉凹陷，下面有毛。聚伞花序伞形式，径 4~10 cm；中部为两性小花，边缘为 4~6 朵白色大形不育花，径达 4 cm，不整齐 4~5 裂。花期 4~5 月。

✿ 粉团变型。缘花似粉蝶，与如珠真花相映成趣，春夏赏花，秋冬观果。

521

接骨草
陆英
Sambucus javanica
接骨木属

多年生高大草本至半灌木。奇数羽状复叶；小叶 5~9，披针形，长 4~6 cm，基部钝至圆形，有锯齿。复伞房状花序顶生，花间杂有黄色杯状腺体；花小，白色；花冠 5 裂。果球形，红色。花期 4~5 月。

✿ 全草治跌打损伤。

败酱科　Valerianaceae

常草本。叶对生或基生，常分裂。花小，两性或单性，稍左右对称，聚伞或头状花序；萼各式，有时裂片羽毛状；花冠管状，基部囊状或有距，3~5 裂；雄蕊 1~3；子房下位，3 室。瘦果。

522

攀倒甑
白花败酱草
Patrinia villosa
败酱属

多年生草本。基生叶丛生，茎生叶对生，卵形、菱状卵形或窄椭圆形，长 4~11 cm，基部 1~2 对羽状分裂，缘有粗齿。聚伞花序组成伞房或圆锥状；花白色，小，花冠筒 5 裂；雄蕊 4。瘦果倒卵形。

✿ 嫩苗作蔬菜食用；根茎及根有陈腐臭味，为消炎利尿药。

葫芦科　Cucurbitaceae

草质藤本，有卷须。单叶互生，常掌裂。花单性同株或异株，单生、总状或圆锥花序；花萼筒，5 裂；花瓣 5，或合生而 5 裂；雄蕊 5，有两对合生，花药分离或合生；子房下位，1 室，瓠果。

523

丝瓜
Luffa aegyptiaca
丝瓜属

一年生草质藤本。茎粗糙，卷须 2~4 叉分枝。单叶互生，三角形或近圆形，常掌状 5 裂，缘有小锯齿。雌雄同株；雄花序总状，雌花单生；花萼 5 裂；花冠黄色，辐状，径 5~9 cm，裂片 5。果实圆柱状，有纵槽或条纹。

✿ 嫩果作菜蔬；丝瓜络药用，清热解毒、通经络。

519

520

521

522

523

5 2 4

苦瓜
Momordica charantia
苦瓜属

一年生草质藤本。茎、叶及花梗有柔毛；卷须不分叉。单叶互生，肾形或近圆形，5~7 深裂，裂片具疏齿或再分裂。雌雄同株；花单生；花冠黄色，裂片 5；雄蕊 3，离生。果实纺锤状，有瘤状凸起。
❀ 果味苦，药食两用，清热解毒。

5 2 5

木鳖子
Momordica cochinchinensis
苦瓜属

多年生草质藤本。具块状根。茎有棱，无毛；卷须不分叉。叶圆形至阔卵形，径 10~20 cm，3~5 深裂或中裂，有波状齿。雌雄异株，花单生；花冠白黄色，裂片 5；雄花梗顶端有圆肾形大苞片，雄蕊 3；雌花梗近中部生一小苞片。果实卵状，具刺凸。花果期 6–10 月。
❀ 果实药用，有消肿散结，祛毒的功效。

5 2 6

王瓜
Trichosanthes cucumeroides
栝楼属

多年生攀缘藤本。茎疏生短柔毛；卷须不分叉或 2 叉。叶卵状心形，长 6~11 cm，3~5 浅裂，缘有锯齿。雌雄异株；雄花呈总状；雌花单生；花托细筒状；花冠白色，裂片流苏状。果实椭圆形，橙红色。
❀ 块根药用，有清热解毒、活血散瘀之效。

5 2 7

钮子瓜
Zehneria bodinieri
马㼎儿属

攀缘草本。茎细弱；卷须不分叉。单叶互生，宽卵形，长 3~10 cm，3~5 浅裂或不裂，基部弯缺半圆形，有锯齿，粗糙。花雌雄同株；雄花呈伞房状顶生；雌花单生；花冠白色，裂片 5。果实近球形。

桔梗科　Campanulaceae

常草本，有乳汁。单叶互生，稀对生或轮生，全缘或稀分裂。花两性，辐射或两侧对称，总状或圆锥状花序；萼 5 裂，宿存；花冠常钟状，5 裂；雄蕊 5；子房下位，3（2~5）室。蒴果。

5 2 8

湖北沙参
Adenophora longipedicellata
沙参属

多年生草本。基生叶卵状心形，茎生叶卵状椭圆形至披针形，长 7~12 cm，边缘具齿；叶柄从茎下至上渐无。疏散圆锥状花序；花梗细长；花萼筒部圆球状，裂片披针形；花冠钟状，白、紫或淡蓝色；花柱与花冠近等长。花期 8-10 月。
❀ 根有清肺化痰作用。

5 2 9

风铃草
Campanula medium
风铃草属

二至多年生草本。全株具粗毛。基部叶卵状披针形，茎生叶披针状矩形，无柄。总状花序顶生；花萼反卷；花冠宽钟形，5 浅裂，径 2~5 cm，堇蓝色或蓝紫色，有淡红或白花变种。花期 4-7 月。
❀ 花朵钟状似风铃，花色明丽素雅，配置花坛、花境或作切花。

524

525

526

527

528

529

530

半边莲
Lobelia chinensis
半边莲属

多年生小草本。单叶互生，狭披针形或条形，长 8~25 mm；无柄。花两侧对称；花冠淡红色，裂片 5，偏向一侧，近一唇形，长 8~10 mm；花药聚合。花期 5-10 月。

✿ 全草药用，有清热解毒、消肿利尿之效。

531

桔梗
Platycodon grandiflorus
桔梗属

多年生草本。根胡萝卜形。3 叶轮生至互生，卵状椭圆形至披针形，有锯齿，下面被白粉；柄无或极短。花单朵顶生，或成假总状花序，花冠宽漏斗状钟形，5 裂，蓝紫色，径 4~6.5 cm。花期 6-9 月。

✿ 根入药，有止咳、祛痰和消炎之效。

菊科   Asteraceae (Compositae)

常草本。单叶常互生。花两性或单性，密集成头状花序，或再排成各式花序，具总苞片；花冠合瓣，管状、舌状、二唇形、假舌状或漏斗状；花萼退化成冠毛或鳞片状；雄蕊 5，聚药雄蕊；子房下位，1 室。瘦果。

532

蓍
千叶蓍、西洋蓍草
Achillea millefolium
蓍属

多年生草本。茎被白柔毛。叶披针形、矩圆状披针形或近条形，2~3 回羽状全裂；无柄。头状花序成复伞房状，径5~6 mm；舌状花白、粉红或紫红色，舌片近圆形，顶端有齿；筒状花黄色。花期 6-8 月。

✿ 茎、叶含芳香油，可制香料。观赏。

533

藿香蓟
胜红蓟
Ageratum conyzoides
藿香蓟属

一年生草本。茎、叶及花梗被毛。单叶对生，卵形或菱状卵形，长4~13 cm，缘有钝圆锯齿。顶生伞房花序，头状花序径约 1 cm；花白色、淡紫色或浅蓝色。花期近全年。

✿ 全草药用，清热解毒，消肿止血。

☛ 假臭草（*Praxelis clematidea*）：花蓝色，叶缘具明显粗齿。

534

牛蒡
Arctium lappa
牛蒡属

二年生大草本。根肉质。茎有棱。基生叶丛生，茎生叶互生，宽卵形或心形，长 40~50 cm，下面密被灰白色绒毛。头状花序丛生或排成伞房状，径3~4 cm；总苞片钩刺；花全部筒状，淡紫色，5齿裂。

✿ 根可食或入药，有清热解毒、疏风利咽之效。

535

木茼蒿
木春菊、蓬蒿菊、
玛格丽特
Argyranthemum frutescens
木茼蒿属

多年生草本或半灌木。叶卵形或矩圆形，长 10~12 cm，1~2 回羽状深裂，末端裂片披针形。头状花序在茎枝端排成疏散的伞房状；苞片披针形；花托宽钟形；舌状花白色；管状花黄色。花期 2-11 月。

✿ 枝叶繁茂、花期长，有单瓣、重瓣品种，栽培作花坛或花境材料。

530

531

532

533

534

535

536

黄花蒿
Artemisia annua
蒿属

一年生草本。中部叶卵形，三次羽状深裂，长 4~7 cm，裂片矩圆形或倒卵形，基部裂片常抱茎；上部叶一次羽状细裂。头状花序球形，径 1.5 mm，有短梗，排成复总状或总状，具条形苞叶；总苞无毛；总苞片 2~3 层；花筒状，外层雌性，内层两性。
✿ 全草入药，含挥发油，有抗疟、抗菌、清热解暑之效。

537

艾
艾蒿
Artemisia argyi
蒿属

多年生草本。全株密被茸毛。单叶互生，羽状裂，侧裂片约 2 对，中裂片又常 3 裂，基部狭或成柄；上部叶渐小，三裂或全缘，无梗。头状花序多数，径 2~3 mm，花带红色，外层雌性，内层两性。
✿ 全草入药，有止血、消炎、平喘、止咳等作用。

538

野艾蒿
Artemisia lavandulifolia
蒿属

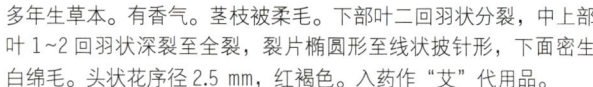

多年生草本。有香气。茎枝被柔毛。下部叶二回羽状分裂，中上部叶 1~2 回羽状深裂至全裂，裂片椭圆形至线状披针形，下面密生白绵毛。头状花序径 2.5 mm，红褐色。入药作"艾"代用品。

539

马兰
Aster indicus
紫菀属

多年生草本。单叶互生，倒披针形或倒卵状长圆形，长 3~7 cm，边缘有齿或羽状浅裂，上部叶小，全缘。头状花序径约 2.5 cm；单生枝顶或成疏伞房状；舌状花 1 层，淡紫色；管状花，黄色。
✿ 幼叶食用，俗称"马兰头"。

540

三脉紫菀
Aster trinervius subsp. *ageratoides*
紫菀属

多年生草本。茎有棱及沟，被毛。单叶互生，中部叶椭圆形或长圆状披针形，长 5~15 cm，有锯齿；上部叶渐小，有浅齿或全缘；有毛；离基三出脉。头状花序伞房或圆锥伞房状；舌状花紫色、浅红色或白色；管状花黄色。

541

雏菊
Bellis perennis
雏菊属

多年生或一年生小草本。叶基生，匙形，基部渐狭成叶柄，缘有波状齿。头状花序单生，径 2~3.5 cm；总苞半球形或宽钟形；舌状雌花 1 层，白色带浅粉红色，开展；中央管状花两性。花期 3~6 月。
✿ 园艺品种多，花细小玲珑，早春开花，生气盎然。意大利国花。

536

537

538

539

540

541

542

鬼针草
白花鬼针草
Bidens pilosa
鬼针草属

一年生草本。中部叶对生，3 深裂或羽状分裂，裂片卵形或卵状椭圆形，有锯齿或分裂；上部叶对生或互生，3 裂或不裂。头状花序，径约 8 mm；舌状花白色或黄色；筒状花黄色。瘦果条形，具芒刺。
❁ 全草有清热解毒、散瘀活血的功效。

543

狼杷草
Bidens tripartita
鬼针草属

一年生草本。叶对生，中部叶羽状 3~5 裂，椭圆形至椭圆状披针形，长 4~13 cm，上部叶 3 深裂或不裂；叶柄有狭翅。头状花序径 1~3 cm；总苞片倒披针形，叶状；花黄色，全为两性筒状花。瘦果有芒刺。

544

天名精
Carpesium abrotanoides
天名精属

多年生草本。单叶互生，宽椭圆形或矩圆形，长 10~15 cm，有疏齿或全缘，被毛，上部叶渐小；无叶柄。头状花序沿枝腋生，梗短或无，径 6~8 mm，平立或稍下垂；总苞钟形；花黄色，雌花狭筒状，两性花筒状，5 齿裂。瘦果条形。
❁ 全草入药，可作驱蛔虫剂或做农药。

545

金盏花
金盏菊
Calendula officinalis
金盏花属

一年生草本。全株被毛。单叶互生，长圆状倒卵形或匙形，长 15~20 cm，全缘或波状具疏细齿，上部叶基抱茎。头状花序单生枝端，径 3~5 cm；舌状花 1-多轮，先端 3 齿裂，黄色或金黄色；筒状花黄色或褐色。花期 12 月 - 翌年 5 月。
❁ 常布置花坛、花境、片植观赏或作切花材料。

546

石胡荽
Centipeda minima
石胡荽属

一年生小草本。茎铺散，多分枝。单叶互生，长 0.7~1.8 cm，楔状倒披针形，顶端钝，有疏齿。头状花序单生叶腋，扁球形，径 3 mm；边缘花雌性，细管状，淡绿色；中央两性花淡紫红色，4 深裂。
❁ 本种即中药"鹅不食草"，主治鼻炎、跌打损伤等症。

547

刺儿菜
小蓟
Cirsium arvense var. integrifolium
蓟属

多年生草本。幼茎被白色蛛丝状毛。单叶互生，椭圆形、长椭圆状倒披针形，长 7~10 cm，全缘或浅裂，有齿刺；无叶柄。头状花序单生茎端；雌雄异株或同株；总苞片多层；管状花紫红色，长 17~26 mm。瘦果椭圆形，淡黄色。

542

543

544

545

546

547

548

蓟
大蓟
Cirsium japonicum
蓟属

多年生草本。基生叶有柄，倒披针形或倒卵状椭圆形，中部叶长椭圆形，羽状深裂，有刺，基部无柄而抱茎，上部叶渐小。头状花序顶生，球形；总苞片多层；管状花紫红色。花期 6~8 月。

☘ 全草入药，治热性出血，叶治瘀血，外用治恶疮。

549

大花金鸡菊
Coreopsis grandiflora
金鸡菊属

多年生草本。叶对生或互生，基生叶全缘，茎生叶全部或有时 3~5 裂，裂片披针形。头状花序，径 4~7.5 cm，有长柄，边缘舌状花，单瓣或重瓣，黄色，顶端三裂，具齿；两性花管状。花期 5~8 月。

☘ 枝叶密集，花色鲜艳亮丽，花期长，作观花地被植物。

550

秋英
波斯菊
Cosmos bipinnatus
秋英属

一年或多年生草本。叶对生，全缘，二次羽状全裂，裂片狭线性。头状花序单生，径 3~6 cm；总苞片近革质；舌状花常单层，紫红、粉红或白色；管状花黄色。花期 6~10 月。

☘ 叶形雅致，花色丰富，为著名的观赏草花。

551

野茼蒿
Crassocephalum crepidioides
野茼蒿属

一年生草本。单叶互生，长椭圆形，有锯齿或基部羽状裂。头状花序数个在茎端排成伞房状，径约 2 cm；总苞钟状；花全为管状花，两性，红褐色，5 齿裂。瘦果狭圆柱形；冠毛白色。

☘ 全草入药，有健脾消肿之效；嫩叶可食。

552

尖裂假还阳参
抱茎小苦荬、
抱茎苦荬菜
Crepidiastrum sonchifolium
假还阳参属

多年生草本。具乳汁。基生叶具锯齿或羽状深裂，茎生叶较小，卵状矩圆形或卵状披针形，长 2.5~6 cm，先端锐尖，基部抱茎，全缘或羽状分裂。头状花序密集成伞房状；全为舌状花，黄色，长 7~8 mm，先端截形，具 5 齿。瘦果纺锤形。

☘ 全草可入药，有清热解毒、凉血、活血之效。

553

蓝花矢车菊
矢车菊
Cyanus segetum
蓝花矢车菊属

一、二年生草本。茎、叶灰白色，被薄蛛丝状卷毛。茎下部叶长椭圆状倒披针形或披针形，全缘或羽裂，茎中部叶线形、条形，宽 4~8 mm，全缘；无叶柄。头状花序顶生，呈伞房或圆锥状；边缘舌状花漏斗状，中央为管状花，蓝、白、红或紫色。花期 4~6 月。

☘ 花秀丽美观，常配置花坛、花境。全草入药，可明目。德国国花。

554

大丽花
大丽菊
Dahlia pinnata
大丽花属

多年生草本。具块根。叶对生，1~3 回羽状全裂，或单叶，裂片长卵形，有粗钝锯齿。头状花序，径 10~30 cm；舌状花红、黄、白、紫等色；管状花黄色；栽培品种有时全为舌状花。花期 2~6 月。
✿ 品种多，花期长，广为栽培观赏或作切花等。块根含菊糖；全株入药，有清热解毒之效。墨西哥国花。

555

菊花
黄花、九华
Dendranthema morifolium
菊属

多年生草本。茎基部有时木质化。单叶互生，卵形至披针形，缘有粗齿或羽裂，下面被白柔毛。头状花序，径 2.5~20 cm，单生或数个集生枝顶；总苞片多层；舌状花颜色丰富。花期 9~11 月。
✿ 菊花因开花季节而得名"秋菊""九华"。品种繁多，是我国十大名花之一，也是世界四大切花。人们喜欢菊花质兼美，更爱它"寒花开已尽，菊蕊独盈枝"的一身傲骨，赞其"怀此贞秀姿、卓为霜下杰"，被誉为"花中君子"，是高尚情操、刚正不屈的象征。历代文人墨客咏菊颂菊、抒意喻志。屈原借"朝饮木兰以坠露兮，夕餐秋菊之落英"以言志，表明洁身自好、不与世俗同流合污的志向。苏东坡的"菊残犹有傲霜枝"，既赞菊花的品格亦隐喻自己的情操。菊花除观赏外，亦药用，有疏风、清热解毒和明目之效。

题菊花·黄巢（唐）
飒飒西风满院栽，
蕊寒香冷蝶难来。
他年我若为青帝，
报与桃花一处开。

556

鱼眼草
Dichrocephala integrifolia
鱼眼草属

一年生草本。单叶互生，卵形、椭圆形或披针形，长 3~10 cm，大头羽裂，侧裂片常 1 对，缘有重锯齿或缺刻。头状花序球形，径约 5 mm，在茎、枝端排成松伞房状；雌花多层，紫色；筒状花黄绿色。
✿ 全草清热解毒，止痛止泻。

557

浅齿黄金菊
Euryops chrysanthemoides
梳黄菊属

本种以叶绿色、羽状深裂，裂片浅粗齿状，为叶轴 1/2 宽；花托扁平，托片顶端平展而与黄金菊相区别。花期、用途同黄金菊。

558

黄金菊
南非菊
Euryops pectinatus
梳黄菊属

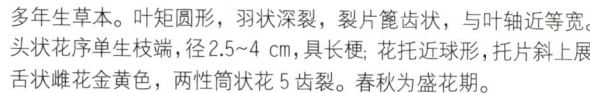

多年生草本。叶矩圆形，羽状深裂，裂片篦齿状，与叶轴近等宽。头状花序单生枝端，径 2.5~4 cm，具长梗；花托近球形，托片斜上展；舌状雌花金黄色，两性筒状花 5 齿裂。春秋为盛花期。
✿ 枝叶繁茂，花期近全年，作花坛或花境材料。

559

鳢肠
墨旱莲
Eclipta prostrata
鳢肠属

一年生草本。茎叶被伏毛。单叶对生，椭圆状披针形至条状披针形，长 3~10 cm，全缘或有细齿；柄无或极短。头状花序，径约 9 mm，有梗；总苞球状钟形；舌状雌花 2 层，两性筒状花白色，4 齿裂。
✿ 全草入药，有凉血、止血、消肿、强壮之功效。

554 555

556 557

558 559

560

一年蓬
Erigeron annuus
飞蓬属

一年生或二年生草本。全株被上曲的短硬毛。单叶互生，基生叶莲座状，中上部叶较小，矩圆状披针形至条形，有齿或全缘；叶柄有或无。头状花序排成伞房状或圆锥状；总苞半球形；舌状花 2 层，白色或淡蓝色，舌片条形；两性花筒状，黄色。瘦果披针形。

561

香丝草
Erigeron bonariensis
飞蓬属

一二年生草本。全株被短毛。单叶互生，下部叶倒披针形或长圆状披针形，缘具粗齿或羽状浅裂，茎生叶具短柄或无柄，狭披针形或线形，中部叶具齿，上部叶全缘。头状花序多数，径 8~10 mm，在茎端排成圆锥花序；雌花多层，白色；两性花淡黄色，5 齿裂。
✿ 全草入药，治感冒、疟疾及外伤出血等症。

562

小蓬草
小飞蓬、小白酒草
Erigeron canadensis
飞蓬属

一年生草本。茎有条纹及疏长硬毛。单叶互生，条状披针形或矩圆状条形，全缘或具齿，叶背有毛，缘具长睫毛；近无柄。头状花序多数，径 3~4 mm，排成圆锥状；总苞半球形；舌状花白色微紫；两性花筒状，5 齿裂。瘦果矩圆形。常见杂草。

563

苏门白酒草
Erigeron sumatrensis
飞蓬属

一年或二年生草本。茎粗壮，被毛。单叶互生，密集，下部叶倒披针形或披针形，有柄，边缘上部有粗齿，中上部叶渐小，狭披针形或近线形，具齿或全缘，两面密被糙短毛。头状花序径 5~10 mm，在枝端排成圆锥状；总苞片被糙短毛；舌状雌花多层，淡黄或淡紫色；两性花淡黄色。瘦果线状披针形，冠毛黄褐色。常见杂草。

564

大吴风草
Farfugium japonicum
大吴风草属

多年生草本。有根状茎。叶基生，肾形，长 4~15 cm，先端圆，全缘或有小齿或掌状浅裂，基部弯缺宽；有长柄。头状花序在顶端排成疏伞房状；总苞圆筒状；舌状花 1 层，黄色，长 3~4 cm；筒状花黄色。瘦果圆柱状。花期 8-10 月。
✿ 根入药，主治咳嗽、咯血等；叶可杀虫；亦作地被植物观赏。

565

天人菊
Gaillardia pulchella
天人菊属

一年生草本。全株被柔毛。单叶互生，披针形、矩圆形至匙形，全缘或基部叶羽裂。头状花序，径 3~6 cm；舌状花红色，先端黄色，基部红褐色；筒状花红黄色。花期 7-10 月。
✿ 栽培品种的舌状花常发育成漏斗状，极富观赏价值。

560

561

562

563

564

565

566

牛膝菊
辣子草
Galinsoga parviflora
牛膝菊属

一年生草本。单叶对生，卵圆形至披针形，长 3~6 cm，基部圆形至宽楔形，有浅圆齿或全缘，基出 3 脉。头状花序，径 3~4 mm；总苞 2 层；舌状雌花 4~5 个，白色；两性筒状花黄色，5 齿裂。瘦果。
✿ 全草药用，有止血、消炎之效。

567

蒿子杆
茼蒿、花环菊、三色菊
Glebionis carinata
茼蒿属

草本。叶互生，倒卵形至长椭圆形，长 8~10 cm，二回羽状分裂，裂片披针形或线形。头状花序顶生，径 5~6 cm；总苞片 4 层；舌状花黄色或黄白色。舌状花瘦果有 3 条宽翅肋。花期 4~8 月。
✿ 嫩叶作蔬菜用；园艺观赏品种多。

568

南茼蒿
Glebionis segetum
茼蒿属

草本。叶互生，椭圆形、倒卵状披针形或倒卵状椭圆形，长 4~6 cm，缘有不规则大锯齿，无柄。头状花序顶生；内层总苞片顶端扩大成附片状；舌片长达 1.5 cm，白色至黄色；筒状花黄色。舌状花瘦果有 2 条具狭翅的侧肋。花果期 3~6 月。
✿ 嫩茎叶作蔬菜用。

569

多茎鼠麹草
Gnaphalium polycaulon
鼠麹草属

一年生草本。茎密生白绵毛。单叶互生，倒卵状条形或匙形，顶端具小尖，基部长渐狭，全缘或微波状。头状花序多数，在枝端或上部叶腋密集成穗状花序，无梗；小花淡黄色；雌花极多数，花冠丝状；两性花细筒状。瘦果矩圆形。

570

红凤菜
血皮菜
Gynura bicolor
菊三七属

多年生草本。全株无毛。叶片倒卵形或倒披针形，缘有波状齿或小尖齿，下面紫色。头状花序多数，径 1 cm，在茎、枝端排列成疏伞房状；总苞狭钟状；花橙黄色至红色。瘦果圆柱形。
✿ 人工栽培作蔬菜。

571

白子菜
白背三七、富贵菜
Gynura divaricata
菊三七属

多年生草本。单叶互生，质厚，常集中于下部，卵形，椭圆形或倒披针形，长 2~15 cm，具粗齿，有时提琴状裂；叶及叶柄有短柔毛。头状花序径常 3~5 个在顶端排成疏伞房状圆锥花序，常呈叉状分枝；总苞钟状；小花橙黄色，有香气，伸出总苞。瘦果圆柱形。
✿ 全草入药，有清热解毒、舒筋接骨、凉血止血之效。

566

567

568

569

570

571

572

向日葵
Helianthus annuus
向日葵属

一年生草本。茎粗壮，被粗毛。单叶互生，心状卵形或卵圆形，长 10~30 cm，具粗锯齿，两面被糙毛。头状花序单生茎端，径可达 35 cm；总苞片卵圆形或卵状披针形；雌花舌状，金黄色，不结实；两性花筒状，棕褐色，结实。瘦果矩卵形或椭圆。花期 7-10 月。
✿ 重要的油料作物。花大而美丽，作花境、花坛及背景植物。

573

菊芋
Helianthus tuberosus
向日葵属

多年生草本。具块状地下茎；茎及叶被毛。基部叶对生，上部叶互生，矩卵形至卵状椭圆形，长 10~15 cm，3 脉，有锯齿，叶柄有狭翅。头状花序单生于枝端，径 5~9 cm；总苞披针形；舌状花淡黄色；筒状花黄色。瘦果楔形。花期 8-9 月。
✿ 块茎俗称"洋姜"，可食用或制菊糖（治疗糖尿病）及酒精。

574

泥胡菜
Hemisteptia lyrata
泥胡菜属

二年生草本。叶互生，基生叶长椭圆形或倒披针形，有柄；茎生叶椭圆形、条状披针形至条形，羽裂或不裂，下面被毛；无柄。头状花序总苞球形，背面具紫红色鸡冠状附片；花紫红色。瘦果圆柱形。

575

中华苦荬菜
中华小苦荬、苦菜
Ixeris chinensis
苦荬菜属

多年生草本。具乳汁。基生叶线形或舌形，全缘或羽状浅裂；茎生叶互生，2~4 枚，长披针形，全缘，基部稍抱茎。头状花序排成伞房花序；总苞圆柱状；舌状小花黄色或白色。瘦果褐色。花期 2-10 月。

576

大滨菊
Leucanthemum maximum
滨菊属

多年生草本。叶互生，基生叶披针形，具长柄；茎生叶条形，先端截平，具稀疏牙齿，有时近基部羽状浅裂；无柄。头状花序单生茎顶；舌状花白色，多 2 轮，具香气；管状花金黄色。花期 5~7 月。
✿ 适合盆栽观赏或花坛美化，亦可成片栽培，耀眼夺目。
☛ 本种与白晶菊（*Mauranthemum paludosum*）区别在于后者株高较矮，15~25 cm；叶为 1~2 回羽状深裂，顶端尖。

577

蓝目菊
非洲雏菊
Osteospermum ecklonis
骨子菊属

多年生草本或半灌木。基生叶丛生；茎生叶互生，羽裂。头状花序单生，总苞有绒毛；舌状花，有白色、紫色、橘色等；筒状花蓝紫色。瘦果，具长柔毛。花期 4-10 月。
✿ 品种多，栽培观赏。

572

573

574

575

576

577

578

瓜叶菊
Pericallis hybrida
瓜叶菊属

多年生草本。全株被绒毛。单叶互生，肾形至宽心形，长 10~15 cm，基部深心形，边缘浅裂或具钝齿。头状花序，径 3~5 cm，多数，在茎端排列成伞房状；总苞钟状；舌状花紫红、淡蓝、粉红或近白色；管状花黄色。瘦果长圆形。花期 12 月－翌年 5 月。

❀ 品种多，颜色艳丽，是优良的盆花及庭院草花。

579

拟鼠麴草
鼠麴草、清明菜
Pseudognaphalium affine
拟鼠麴草属

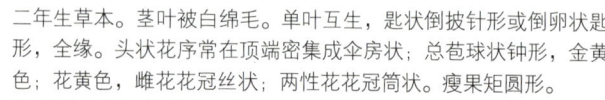

二年生草本。茎叶被白绵毛。单叶互生，匙状倒披针形或倒卵状匙形，全缘。头状花序常在顶端密集成伞房状；总苞球状钟形，金黄色；花黄色，雌花花冠丝状；两性花花冠筒状。瘦果矩圆形。

❀ 全株可提取芳香油；亦可入药，有镇咳祛痰之效；嫩叶可食。

580

黑心金光菊
黑心菊、黑眼菊
Rudbeckia hirta
金光菊属

多年生草本。全株被粗刺毛。单叶互生，长卵圆形、匙形至长圆披针形，三出脉，具齿或全缘。头状花序，径 5~7 cm；舌状花，黄色，舌片长圆形；管状花两性，褐紫色。花期 5~9 月。

❀ 花大美丽，色泽鲜明，作花坛或背景材料。

581

豨莶
Sigesbeckia orientalis
豨莶属

一年生草本。单叶互生，中部叶三角状卵形或卵状披针形，长 4~10 cm，被毛，有锯齿。头状花序于枝端排成圆锥状，花梗及枝上部无舌状具柄腺毛；总苞背面被紫褐色头状具柄腺毛，线状匙形或匙形，开展；雌花舌状，黄色；两性花筒状。瘦果无冠毛。

❀ 全草有解毒镇痛作用。

☛ 本种与腺梗豨莶（*S. pubescens*）区别在于后者中部叶卵圆形或卵形，总花梗和枝上部被紫褐色头状具柄腺毛。

582

蒲儿根
Sinosenecio oldhamianus
蒲儿根属

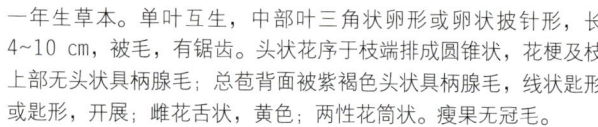

一或二年生草本。单叶互生，肾圆形，长宽约 2~5 cm，先端尖，基部浅心形，有重锯齿。头状花序复伞房状排列；总苞宽钟状；舌状花 1 层，黄色；筒状花黄色。瘦果倒卵状圆柱形。花期 4~5 月。

❀ 株型整齐，花色艳丽，适宜作花坛或片植观赏。

583

花叶滇苦菜
续断菊
Sonchus asper
苦苣菜属

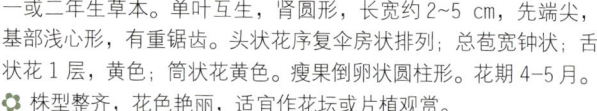

一年生草本。具乳汁。单叶互生，中下部叶长椭圆形或倒卵形，羽状浅裂至深裂，叶柄有翅；上部叶披针形，不裂，基部圆耳状抱茎；缘有刺状尖齿。头状花序排成密集伞房状；总苞钟状；全为舌状花，黄色，两性。瘦果长椭圆状倒卵形；冠毛白色。

578

579

580

581

582

583

584

苦苣菜
Sonchus oleraceus
苦苣菜属

一年生草本。具乳汁；茎中空。单叶互生，柔软，羽状深裂、大头羽状全裂或半裂，少有不裂，缘有急尖锯齿或大锯齿或上部叶有部分全缘，基部抱茎；中脉白色。头状花序排成伞房状；全为舌状花，黄色，两性。瘦果长椭圆状倒卵形，压扁；冠毛白色。

✿ 全草入药，有祛湿、清热解毒功效。

585

苣荬菜
Sonchus wightianus
苦苣菜属

多年生草本。有乳汁。基生叶与中下部叶披针形或长椭圆形，羽状或倒羽状裂，有锯齿或小尖头；中上部叶披针形，基部耳状半抱茎。头状花序排成伞房状；花序梗被头状具柄腺毛；总苞钟形，外有 1 行具柄腺毛；全为舌状花，黄色。瘦果长椭圆形；冠毛白色。

586

蒲公英
Taraxacum mongolicum
蒲公英属

多年生草本。具乳汁。叶莲座状，矩圆状倒披针形或倒披针形，长 5~15 cm，有波状齿或羽状深裂，顶裂片较大。头状花序单生枝端；花葶及总苞被毛；舌状花黄色。冠毛白色。花期 4-9 月。

✿ 全草药用，清热解毒。

587

万寿菊
臭瓣菊、蜂窝菊、
孔雀草、红黄草
Tagetes erecta
万寿菊属

一年生草本。全株具异味。单叶对生，羽状分裂，长 2~10 cm，裂片长椭圆形至线状披针形，边缘有油腺，锯齿有芒。头状花序顶生，径 3.5~8 cm；总花梗顶端肿大；总苞杯状；舌状花黄、金黄或橙色，或有红色斑，舌片倒卵形；管状花黄色。花期 7~9 月。

☞ 孔雀草（*T. patula*）曾以花小、不呈蜂窝状、有红色斑而与万寿菊区别，目前 FOC 已将二者归并为一种即万寿菊。

588

异叶黄鹌菜
Youngia heterophylla
黄鹌菜属

二年生草本。单叶互生，琴状羽裂，长达 23 cm，顶裂片大，椭圆形或卵形，基部截形或渐狭，具疏波状细齿，侧裂片小，三角形或矩圆形，急尖；叶柄有狭翅，上部叶近无柄。头状花序小，排成聚伞状伞房花序；总苞钟形；舌状花黄色。瘦果褐紫色；冠毛黄白色。

589

黄鹌菜
Youngia japonica
黄鹌菜属

一年生草本。具乳汁。基生叶丛生，倒披针形，琴状或羽状半裂，顶裂片稍大，侧裂片向下渐小，有深波状齿；茎生叶常 1~2 片。头状花序小，排成聚伞状圆锥花序；总苞钟状；舌状花黄色。瘦果纺锤形，冠毛白色。

584

585

586

587

588

589

590

蜡菊
麦秆菊、贝细工
Xerochrysum bracteatum
蜡菊属

一年或二年生草本。叶长披针形至线形，长达 12 cm，光滑或粗糙，全缘。头状花序单生枝端，径 2~5 cm。总苞片有光泽，黄、白、红或紫色。小花多数，冠毛有近羽状糙毛。瘦果无毛

✿ 秋季开花，花干后总苞颜色长久不褪，是天然干花材料。

591

百日菊
Zinnia elegans
百日菊属

一年生草本。茎被粗毛。单叶对生，卵圆形至长椭圆形，全缘，基出三脉；无柄。头状花序单生枝顶，径 4~10 cm；总苞宽钟状；舌状花多轮，颜色丰富；管状花黄橙色。花期 6-9 月。

✿ 品种多，花大色艳，花期长，株型美观，常配置花坛或片植观赏。

590

591

被子植物（单子叶植物）

ANGIOSPERMAE
MONOCOTYLEDONEAE

香蒲科　Typhaceae

水生芳香草本。有地下茎。叶2列，线形，直立。花单性同株，无花被；长穗状花序圆柱状、稠密；雄花居上部，雄蕊3(1~7)；雌花居下部，子房1室。小坚果，有宿存毛状小苞片。

592

水烛
Typha angustifolia
香蒲属

多年生沼生草本。叶狭条形，长40~70 cm，宽5~8 mm，叶鞘具叶耳。圆柱形穗状花序长30~60 cm，雌雄花序不连接。坚果无沟。

❀ 经济植物，花粉（蒲黄）入药，止血、化瘀、通淋；亦观赏。

泽泻科　Alismataceae

水生或沼生草本。具根状茎或球茎。叶多基生，叶形变化大。花两性或单性，辐射对称，总状或圆锥花序；萼片3；花瓣3，白色；雄蕊、心皮6~多数，离生；子房上位，1室。瘦果。

593

东方泽泻
Alisma orientale
泽泻属

沼生草本。具球茎。叶基生，（长）椭圆形或宽卵形，长2.5~18 cm。花轮生呈复伞形花序；两性；花瓣3，白色；雄蕊6。瘦果侧扁。

❀ 球茎药用，有清热、利尿、渗湿之效。

水鳖科　Hydrocharitaceae

浮水或沉水草本。单叶，基生或茎生。花单性同株或异株，排列于佛焰苞或2苞片内；辐射对称；花被1~2轮，每轮3片；雄蕊1至多数；子房下位，1室。果实肉果状。

594

水鳖
Hydrocharis dubia
水鳖属

多年生浮水草本。有匍匐茎。叶圆状心形，径3~5 cm，全缘，下面带红紫色。雄花2~3朵生具2叶状苞片的花梗上，雄蕊6~9；雌花单生苞片内，萼片3，花瓣3，白色。果实肉质，卵圆形。

595

黑藻
Hydrilla verticillata
黑藻属

沉水草本。茎分枝。叶4~8片轮生，膜质，条形或条状矩圆形，长8~20 mm，全缘或具小齿；无柄。单性花；雄花单生叶腋，花被片6，雄蕊3；雌花单生，花被片6，内轮花瓣状。果条形。

禾本科　Poaceae (Gramineae)

草本，稀木本。秆（地上茎）上节间中空。单叶互生，常2列，叶由叶片、叶鞘和叶舌组成；竹类竿生时称为箨。穗状、总状、圆锥等花序；小穗有颖片2；花小，基部有外稃和内稃，外稃具芒；花被退化成浆片或鳞片；雄蕊3或6；子房上位，1室。常为颖果。

596

孝顺竹
Bambusa multiplex
箣竹属

灌木状丛生竹。竿高2~7 m，径2~4 cm，无刺；节间幼时被白粉；上半部被棕色刺毛；每节多分枝。箨鞘背面淡棕色，无毛；箨叶直立，（长）三角形，下面刺毛无或极少。小枝有叶5~10；叶条状披针形，长4~14 cm，下面粉绿；叶鞘短，具睫毛。

592

593

594

595

596

597

小琴丝竹
Bambusa multiplex
'Alphonse-Karr'
簕竹属

竹竿金黄色，节间有绿色纵条纹；末级小枝有叶 5~12。竿和分枝色泽鲜明，有如黄金间碧玉，也称花竿孝顺竹，常栽培观赏。

598

凤尾竹
Bambusa multiplex
'Fernleaf'
簕竹属

高 1~2 m；竹竿绿色，细小而中空；末级小枝有叶 9~13，叶片长 3~6.5 cm；羽状二列。

✿ 株丛优雅，枝叶秀丽，姿态飘逸，可作竹篱或修剪成不同形状供观赏，也是制作盆景的素材。

599

观音竹
Bambusa multiplex
var. *riviereorum*
簕竹属

高 1~3 m；竹紧密丛生，实心；末级小枝有叶 13~23，弓状下弯，叶片长 1.6~3.5 cm；羽状二列。

✿ 株丛优雅，姿态飘逸，耐修剪，适于作竹篱、竹球、盆栽和盆景。

600

佛肚竹
Bambusa ventricosa
簕竹属

正常竿高 2.5~5 m，径 2~3(5) cm，节间长 20~30 cm；畸形竿高常不足 60 cm，径 1~2 cm，节间长 2~5 cm，中下部节间膨大呈瓶状。箨鞘光滑无毛。每节分枝 1~3，小枝具叶 7~13，叶条状披针形，长 10~20 cm，背面具微毛。

601

慈竹
钓鱼竹
Bambusa emeiensis
簕竹属

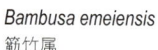

竿高 5~10 m，径 3~8 cm，顶端弧垂；每节分枝 20 以上，平展，主枝稍显著；幼竿小刺毛脱落留下小疣点。箨鞘顶部稍凹呈"山"字形，背部密生白短毛和棕黑色刺毛，腹面具光泽；无箨耳；箨舌流苏状；箨叶外翻，卵状披针形。叶窄披针形，长 10~30 cm。

✿ 慈竹叶茂盛秀丽，常植于庭园、窗前宅后观赏。

竹类四季青翠，摇曳生姿，超凡脱俗，以"未出土时已有节，待到凌云更虚心"的君子气节、"宁折不弯"的坚忍不拔、"中通外直"的刚毅和度量获得人们的喜爱，与松和梅并誉"岁寒三友"，与梅、兰、菊并称"四君子"。中华民族爱竹，敬竹，刻竹记事、择竹而居、丹青竹影、以竹会友、借竹寄情，形成了特有的竹文化。竹类用途广泛，笋用、材用和观赏用，其中"竹径通幽""移竹当窗""窗竹影摇书案上"为竹子造园常见手法。

602

大叶慈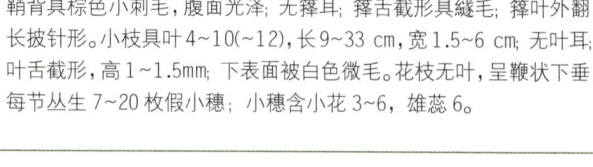
梁山慈竹
Dendrocalamus farinosus
牡竹属

丛生竹。竿高 7~12 m，径 4~8 cm，梢端下垂；节间长 20~45 cm，幼时被白粉，光滑无毛；竿环微隆起；每节多枝簇生，主枝 1。箨鞘背具棕色小刺毛，腹面光泽；无箨耳；箨舌截形具繸毛；箨叶外翻，长披针形。小枝具叶 4~10(~12)，长 9~33 cm，宽 1.5~6 cm；无叶耳；叶舌截形，高 1~1.5mm；下表面被白色微毛。花枝无叶，呈鞭状下垂，每节丛生 7~20 枚假小穗；小穗含小花 3~6，雄蕊 6。

603

桂竹
Phyllostachys reticulata
刚竹属

竿高 8~20 m，径 3~10 cm；节间长达 40 cm；新竿无蜡粉，无毛；竿于分枝一侧扁平或具纵沟 2 条；每节分枝 2。竿环、箨环均隆起；箨鞘黄褐色，密被黑紫色斑点或斑块，疏生小刺毛；有箨耳和毛；箨叶狭长皱折。小枝具叶 2~6，长椭圆状披针形，长 8~20 cm，背面有白粉；叶鞘鞘口有叶耳及硬毛，后脱落。

604

斑苦竹
Pleioblastus maculatus
大明竹属

竿散生，高 4~10 m，径 2~7 cm，节间长 30~40 cm，幼时有白粉；每节分枝 3~5。竿环、箨环均隆起；箨环具一圈棕色毛环；箨鞘有深褐色斑点，基部被棕黄色长绒毛；箨耳无或呈点状；箨舌顶端全缘，无纤毛；箨叶狭条状，外翻而下垂。小枝具叶 3~5，披针形，长 10~20 cm，下表面有毛。

605

看麦娘
Alopecurus aequalis
看麦娘属

二年生草本。叶舌膜质；叶片宽 2~5 mm。圆锥花序狭圆柱形，淡绿色，长 2~7 cm；小穗含 1 花，颖相等，脊有毛；外稃膜质，先端钝，与颖近等长；芒细弱，隐藏或稍伸出颖外；花药橙黄色。

606

荩草
Arthraxon hispidus
荩草属

一年生草本。秆倾斜或平卧，常分枝。叶片卵状披针形，宽 8~15 mm，基部心形抱茎，下部边缘生纤毛。总状花序 2~10 枚呈指状排列，穗轴节间无毛；小穗成对生于各节；有柄小穗退化仅剩短柄；无柄小穗长 4~4.5 mm，呈两侧压扁；雄蕊 2 枚。

602

603

604

605

606

607

芦竹
Arundo donax
芦竹属

多年生粗壮丛生草本。具根状茎；秆高 2~6 m；地上茎有节，似竹。叶互生，2 列；叶片条状披针形，长 30~60 cm；叶鞘长于节间，相互覆盖，基部略成波状；叶舌平截，先端具纤毛。顶生圆锥花序较密，直立；小穗含小花 2~4。花果期 9-12 月。

✿ 适应性强，是优良的湿地景观植物。

608

变叶芦竹
斑叶芦竹、花叶芦竹
Arundo donax var. versiocolor
芦竹属

芦竹变种。叶片宽大，伸长，具白色纵长条纹或淡黄色边，十分美观。

609

野燕麦
Avena fatua
燕麦属

一年生丛生草本。秆光滑。叶片宽 4~12 mm；叶舌透明膜质。圆锥花序开展；小穗下垂，长 18~25 mm，含 2~3 小花；2 颖近等长；外稃质硬，下半部与小穗轴均有硬毛，第一外稃长 15~20 mm；具长 2~4 cm 的膝曲芒。颖果长圆形。

610

硬秆子草
Capillipedium assimile
细柄草属

多年生亚灌木状草本。秆坚硬似小竹，多分枝。叶片条状披针形，有白粉，宽 2~7 mm。圆锥花序；分枝簇生，小枝顶端有 2~5 节总状花序；节间与小穗柄纤细并具纵沟和长纤毛；小穗成对生于各节或 3 枚顶生；有柄小穗，无芒，较无柄小穗长出 1/2 或为其 2 倍，无柄小穗有芒。

611

薏苡
Coix lacryma-jobi
薏苡属

一年或多年生草本。秆高 1~1.5 m。叶鞘短于节间；叶条状披针形，宽 1.5~3 cm，边缘粗糙。总状花序成束腋生；小穗单性；雄小穗位于花序上部，自珐琅质总苞中抽出；雌小穗位于花序基部，包藏于总苞中，2~3 枚生于一节，只 1 枚结实。颖果。

✿ 颖果食用或药用，有利尿强壮之效；也可装饰用。

612

蒲苇
Cortaderia selloana
蒲苇属

多年生丛生草本。秆高 2~3 m。叶多聚生于基部，极狭，质硬，长达 1~3 m，边缘具细锐锯齿。雌雄异株；圆锥花序大型稠密，长 50~100 cm，银白色至粉红色；小穗含 2~3 小花；颖质薄，白色，外稃顶端延伸成长而细弱之芒。花期 9-10 月。

✿ 花穗长而壮观、雅致，具有良好的生态适应性和观赏价值。

613

狗牙根
百慕达草
Cynodon dactylon
狗牙根属

多年生低矮草本。具根状茎和匍匐茎，节上易生根和分枝；秆细而坚韧。叶舌具一轮纤毛；叶片条形，宽 1~3 mm。穗状花序 3~6 枚指状排列于茎顶；小穗排列于穗轴的一侧，略带紫色，含小花 1，颖近等长，短于外稃。花果期 5-10 月。
☘ 耐践踏，多用于运动场和休息活动草坪。为优良饲料；全草入药，有清血解热和生肌之效。

614

止血马唐
Digitaria ischaemum
马唐属

一年生草本。秆高 30~40 cm。叶片狭披针形，宽 1~5 mm。总状花序 2~4 枚，指状排列，长 2~8 cm；小穗 1.8~2.3 mm；小穗柄无毛；第一颖微小，透明膜质；第二颖与小穗等长或较短，与第一外稃均有毛；第二外稃黑褐色，边缘膜质，覆盖内稃。

615

无芒稗
Echinochloa crusgalli
var. mitis
稗属

一年生草本。秆斜升，基部或带紫红色。叶片条形，宽 8~10 mm，无叶舌。圆锥花序直立，尖塔形，分枝斜上而开展，互生或近轮生，有小分枝；小穗密集于穗轴的一侧，长约 3 mm，无芒或有极短芒；脉上被硬毛。

616

牛筋草
蟋蟀草
Eleusine indica
穆属

一年生草本。秆常斜升、丛生，高 15~90 cm。叶舌长约 1 mm；叶片条形，宽 3~7 mm；叶鞘压扁具脊。穗状花序 2~7 枚生于秆顶，长 3~10 cm；小穗成两行排列于穗轴的一侧，长 4~7 mm，含 3~6 小花；无芒。囊果。

617

苇状羊茅
Festuca arundinacea
羊茅属

多年生草本。秆成疏丛，高 80~150 cm；光滑。叶舌截平；叶片条形，宽 4~7 mm，边缘内卷，上面粗糙；叶鞘光滑无毛。圆锥花序疏松开展，长 20~30 cm，每节常具分枝 2，其中上部生多数小穗；小穗含小花 4~5，绿色带淡紫色；无芒或具小尖头；花药长 4~4.5 mm。分枝及小轴粗糙。

618

高羊茅
Festuca elata
羊茅属

本种和苇状羊茅相似，但秆疏丛或单生；叶片线状披针形，宽 3~7 mm，上面和边缘粗糙。圆锥花序每节分枝单生，自近基部处分出小枝或小穗；小穗长 7~10 mm，含 2~3 花；外稃顶端 2 齿，齿间伸出 7~12 mm 细芒；花药长 2 mm。
☘ 冷季型草坪草，应用于运动场草坪和防护草坪。

619

白茅
Imperata cylindrica
白茅属

多年生草本。具长根状茎。叶舌膜质，具柔毛；叶片条形或条状披针形，宽 2~8 mm，常内卷，顶端渐尖呈刺状，质硬，被白粉。圆锥花序稠密，长 20 cm，小穗成对生于各节，含 2 小花；基盘具长丝状柔毛；无芒。

✿ 根状茎入药作利尿、清凉剂；也是难除杂草。

620

虮子草
Leptochloa panicea
千金子属

一年生草本。秆细弱。叶鞘及叶片疏生柔毛；叶舌膜质，多撕裂或齿裂；叶片线形，扁平，长 4~18 cm，宽 3~6 mm。圆锥花序长 10~30 cm，分枝细弱，微粗糙；小穗灰绿色或带紫色，长 1~2 mm，含 2~4 小花，两侧压扁；无芒。

621

黑麦草
Lolium perenne
黑麦草属

多年生草本。秆常丛生。叶舌长约 2 mm；叶鞘长于或等于节间；叶片线形，宽 3~6 mm，柔软，具微毛。穗状花序扁，长 10~20 cm；小穗长在 "之" 字形花轴上，小穗轴平滑；无芒；内外稃等长。

☞ 本种和多花黑麦草(*L. multiflorum*)区别在于后者外稃先端有芒。

622

求米草
*Oplismenus
undulatifolius*
求米草属

一年生草本。基部平卧。叶片披针形，基部斜心形，两面及叶鞘密被毛。圆锥花序狭，分枝少，基部分枝长 1 cm；小穗长 3.5 mm；第一颖具 3 脉，具 1 cm 长的芒；第二颖具 5 脉，芒较短；第二外稃革质，边缘卷抱内稃。

☞ 本种与竹叶草(*O. compositus*)的区别在于后者叶及叶鞘近无毛或疏生毛；花序分枝长 2~3.5 cm。

623

双穗雀稗
Paspalum distichum
雀稗属

多年生草本。有根茎和匍匐茎。叶条披针形，宽 2~6 mm，无毛。总状花序 2 枚对生，长 2~6 cm，穗轴硬直；小穗椭圆形，2 行排列于穗轴一侧，长约 3 mm。第一颖缺或小；第二颖与第一外稃相似但有微毛；第二外稃硬纸质，顶端有少数细毛。

624

雀稗
Paspalum thunbergii
雀稗属

多年生草本。秆常丛生。叶条状披针形，宽 3~8 mm，两面密生柔毛。总状花序 3~6 枚，长 5~10 cm，总状排列；小穗近圆形或卵形，2~4 行稀疏排列于穗轴一侧，长约 2.5 mm，边缘有微毛；第一颖缺，第二颖与第一外稃相似；第二外稃簿革质，边缘卷抱内稃。

619

620

621

622

623

624

625

虉草
Phalaris arundinacea
虉草属

多年生草本。具根状茎；秆较粗壮。叶鞘无毛；叶条状披针形，宽 5~15 mm。圆锥花序紧密狭窄，长 8~15 cm，分枝密生小穗；小穗长 4~5 mm，含 3 小花；颖革质，等长，脊上粗糙，上部有极狭的翼；孕花外稃软骨质，宽披针形，具柔毛；内外稃等长。

626

芦苇
Phragmites australis
芦苇属

多年水生或湿生的高大草本。秆高 1~3 m，径 1~4 cm，节下有白粉。叶舌边缘密生短纤毛；叶片长线形或长披针形，2 列，宽 1~3.5 cm，无毛。圆锥花序顶生，长 10~40 cm，分枝稠密，斜上伸展；小穗长约 12 mm，含 4~7 花；外稃无毛，基盘有丝状柔毛。
✿ "蒹葭苍苍，白露为霜"的蒹葭即荻和芦苇，是常见湿地植物。根状茎具清热解毒之效。

627

早熟禾
Poa annua
早熟禾属

一年生或越年生低矮草本。秆丛生，高 8~30 cm。叶片柔软，先端呈小舟形，宽 1~5 mm。圆锥花序开展，长 2~7 cm，分枝每节 1~3 枚；小穗长 3~6 mm，含 3~5 花；颖边缘宽膜质；外稃边缘及顶端呈宽膜质，具柔毛，内外稃近等长；雄蕊 6。颖果纺锤形。

628

草地早熟禾
Poa pratensis
早熟禾属

多年生草本。秆丛生，高 50~80 cm。叶舌膜质，长 1~2 mm；叶片条形，扁平，柔软，宽 2~4 mm。圆锥花序开展，长 10~20 cm，分枝下部裸露；每节分枝 3~5，二次分枝，小枝具小穗 3~6；小穗长 4~6 mm；含 3~5 小花；外稃脊、边缘及基盘具柔毛。颖果纺锤形。

629

棒头草
Polypogon fugax
棒头草属

一年生草本。秆丛生，高 10~75 cm，基部膝曲。叶舌膜质，长圆形，常 2 裂或顶端具裂齿；叶片扁平，宽 3~4 mm。圆锥花序长圆形或卵形，较疏松；小穗长约 2.5 mm，灰绿色或带紫色；颖先端 2 浅裂，芒从裂口处伸出，长 1~3 mm；外稃光滑，长约 1 mm，中脉延伸成长 2 mm 而易脱落的芒。颖果椭圆形。

630

柯孟披碱草
鹅观草
Elymus kamoji
披碱草属

多年生草本。高 30~100 cm。叶鞘外侧边缘具纤毛；叶舌截平；叶片扁平，宽 3~13 mm。穗状花序长 7~20 cm，下垂；小穗长 1.5~2.5 cm；颖卵状披针形，具长 2~7 mm 的芒；外稃披针形，边缘宽膜质，芒长 20~40 mm；内稃稍长于或短于外稃，顶端钝。

625

626

627

628

629

630

631

棕叶狗尾草
Setaria palmifolia
狗尾草属

多年生草本。秆直立或基部稍膝曲。叶鞘常被疣基纤毛；叶片纺锤状宽披针形，宽 2~7 cm，基部窄缩呈柄状，具纵深皱折。圆锥花序主轴延伸甚长，长 20~60 cm；小穗长 2~4 mm；第一颖三角状卵形，顶端尖，第二外稃皱纹不明显。

632

金色狗尾草
Setaria pumila
狗尾草属

一年生草本。秆高 20~90 cm。叶鞘光滑无毛；叶片条形，宽 2~8 mm。圆锥花序柱状，长 3~8 cm，直立；小穗长 3~4 mm；小穗基部刚毛状小枝金黄色或带褐色，长 4~8 mm；第二颖长约为小穗的 1/2，第一颖略短；第二外稃具有横皱纹，背部强烈隆起。

633

狗尾草
Setaria viridis
狗尾草属

一年生草本。秆高 30~100 cm。叶鞘边缘密生纤毛；叶片条状披针形，宽 2~20 mm。圆锥花序柱状，长 2~15 cm；小穗长 2~2.5 mm，基部具宿存刚毛状小枝，绿色或黄褐色；第一颖长为小穗的 1/3；第二颖与小穗等长或稍短；第二外稃有细点状皱纹，背部稍隆起，边缘卷抱内稃。

634

普通小麦
Triticum aestivum
小麦属

一年生或越年生草本。秆高约 1 m，中空或基部有髓。叶片披针形，宽 1~2 cm。穗状花序长 5~10 cm；小穗两侧压扁，长 10~15 mm，含 3~9 小花，上部小花常不结实；颖革质，卵形，背部显著具脊；外稃常具芒；内稃与外稃等长。颖果顶端具毛。

635

中华结缕草
Zoysia sinica
结缕草属

多年生草本。秆高 10~30 cm。叶舌短而不显著，为一圈纤毛；叶片条状披针形，宽达 3 mm，边缘常内卷，质地坚硬。总状花序长 2~4 cm；小穗柄短于小穗；小穗黄褐色或紫褐色，长 4~6 mm，含 1 小花；第一颖缺；第二颖革质，全部包裹内外稃。

莎草科　Cyperaceae

草本。常有根状茎。秆实心，常 3 棱形。叶基生或秆生，常 3 列，叶片条形，有闭合叶鞘。花小，两性或单性，单生于小穗鳞片（颖）腋内，小穗复排成穗状、总状、圆锥状、头状或聚伞等花序；花被缺或为下位刚毛、丝毛或鳞片；雄蕊常 3；子房上位，1 室。坚果。

636

浆果薹草
Carex baccans
薹草属

多年生草本。秆高 60~150 cm，3 棱形。秆生叶，条形，革质，长于秆，宽 8~12 mm。圆锥花序圆柱形，长 5~30 cm；苞片叶状；小穗极多数，从内无花的囊状枝先出叶中生出，圆柱形，雄雌顺序。果囊近球形，熟时浆果状，红色。

631

632

633

634

635

636

637

风车草
旱伞草
Cyperus involucratus
莎草属

多年生草本。秆丛生，高 30~150 cm，近圆柱形。无叶片；叶鞘包裹茎干基部。条形苞片 20 枚聚生茎顶，开展呈伞状；聚伞花序具多数辐射枝，小穗压扁，有花 6~26。小坚果椭圆形。

✿ 四季常绿，秀雅挺拔，用于水体绿化或假山、石隙点缀。

638

扁穗莎草
Cyperus compressus
莎草属

一年生草本。秆丛生，高 5~25 cm，有三锐棱。叶基生较多，与秆近等长；叶鞘紫色。叶状苞片 3~5，长于花序；长侧枝聚伞花序，辐射枝 2~7；小穗条状披针形，3~10 枚于枝端排成近头状的穗状花序；小穗具多花；小穗轴具狭翅。小坚果 3 棱，褐色。

639

砖子苗
Cyperus cyperoides
莎草属

多年生草本。有短根状茎和块茎。秆高 10~50 cm，有三锐棱。叶与秆近等长，宽 3~6 mm；叶鞘红棕色。叶状苞片 5~8，长于花序；长侧枝聚伞花序，辐射枝 6~12；小穗长 3~5 mm，密生成矩圆形的穗状花序。小坚果狭矩圆形，有三棱。

640

异型莎草
Cyperus difformis
莎草属

一年生草本。秆高 2~65 cm，扁三棱状。叶基生，短于秆，宽 2~6 mm。叶状苞片 2（3），长于花序；长侧枝聚伞花序，辐射枝 3~9；小穗条形或披针形，在枝端密集成头状花序；小穗具多花；鳞片有 3 脉；雄蕊 2(1)。小坚果 3 棱，淡黄色。

641

碎米莎草
Cyperus iria
莎草属

一年生草本。秆丛生，扁三棱状，高 8~85 cm。叶基生，宽 2~5 mm；鞘红棕色。叶状苞片 3~5，下部的较花序长；长侧枝聚伞花序复出，辐射枝 4~9；枝端生有 5~22 小穗排成伞形；小穗压扁，具多花；鳞片卵形。小坚果 3 棱，褐色。

642

香附子
Cyperus rotundus
莎草属

多年生草本。有根状茎和块茎。秆高 15~95 cm，3 棱形。叶基生，条形，宽 2~5 mm；鞘常紫红色。叶状苞片 2~3，长于花序；长侧枝聚伞花序复出，辐射枝 3~6；枝端生 3~10 个条形小穗排成伞形；小穗长 1~3 cm，具多花；鳞片卵形，两侧紫红色。小坚果有 3 棱。

✿ 块茎有香气，药用，名香附子，有理气止痛、调经解郁之效。

643

短叶水蜈蚣
水蜈蚣
Kyllinga brevifolia
水蜈蚣属

多年生草本。根状茎匍匐；每节生一秆。秆高 7~20 cm，扁三棱形。叶条形，宽 2~4 mm。叶状苞片 3；穗状花序单一，近球形；小穗极多数，有花 1；鳞片具刺，顶具短尖。小坚果扁双凸状。

✿ 全草药用，有疏风解表、消肿、止痛之效。

644

萤蔺
Schoenoplectus juncoides
蔗草属

多年生草本。根状茎短。秆丛生，细圆柱形，高 25~60 cm。无叶片，仅有 2~3 个叶鞘。苞片 1，为秆的延长，长于花序；小穗假侧生，3~7 个簇生，卵形或矩圆卵形，具多花。小坚果倒卵形。

✿ 全草入药，有清热解毒、凉血利尿、止咳明目之效。

645

水葱
Schoenoplectus tabernaemontani
水葱属

多年生草本。具匍匐根状茎。秆高大，圆柱状，高 1~2 m。叶鞘管状，最上面一个具线形叶片。苞片 1，短于花序；花序聚伞状，小穗 1~3 个簇生于辐射枝顶端，卵形或长圆形，长 5~10 mm，具多花；鳞片棕色或紫褐色。小坚果倒卵形或椭圆形。

棕榈科　Arecaceae (Palmae)

木本。单干直立。叶大，互生，羽状或掌状分裂，集生茎顶；具纤维质鞘。花小，辐射对称，大型肉穗花序，具佛焰状总苞；花被片 6，2 轮；雄蕊 6；子房上位，3 室。核果或浆果。

646

假槟榔
Archontophoenix alexandrae
假槟榔属

常绿乔木。干灰白色，光滑而有梯形环纹。叶簇生干端，长达 2~3 m，羽状全裂，羽片条状披针形，2 列，长 30~45 cm，背面有灰白色鳞秕；绿色叶鞘筒状包干。花单性同株；肉穗花序生于叶鞘束下，多分枝，排成下垂圆锥花序。果卵球形，红色美丽。

647

鱼尾葵
Caryota maxima
鱼尾葵属

常绿乔木。干具环状叶痕。叶二回羽状全裂，小叶鱼尾状半菱形，上部边缘有不规则缺刻。花单性同株；圆锥状肉穗花序长 1~3 m，分枝悬垂，花 3 朵聚生，雌花介于 2 雄花之间；花瓣黄色。浆果球形，淡红色。

✿ 树形优美，叶形奇特，作庭荫树及行道树。根药用，强筋骨。

648

袖珍椰子
Chamaedorea elegans
竹棕属

灌木。干细长如竹。叶羽状全裂，裂片披针形，具小叶 22~26，长 14~22 cm；顶端 2 羽片常合生成鱼尾状。花小，单性同株；肉穗花序腋生，直立；花黄色，小球状。果球形，橙黄色或黑色。

✿ 植株小巧玲珑，株形优美，姿态秀雅，常作盆栽观叶植物。

643

644

645

646

647

648

649

蒲葵
Livistona chinensis
蒲葵属

常绿乔木。叶阔肾状扇形，径达 1 m 以上，掌状深裂至中部，裂片条状披针形，顶端长渐尖，2 裂并下垂；叶柄两侧有倒刺。大型肉穗花序排成圆锥状；总苞棕色，坚硬；花小，两性，黄绿色。核果椭圆形，黑色。

✿ 树形优美，常列植呈现热带风情，是园林结合生产的优良树种。叶制葵扇和牙签；果实具有败毒抗癌、消淤止血之效。

650

加拿利海枣
长叶刺葵
Phoenix canariensis
刺葵属

常绿乔木。干具鱼鳞状叶痕及纤维。羽状复叶集生茎端，长 4~6 m；小叶狭条形，长 20~40 cm，基部成针刺状。穗状花序腋生，雌雄异株，花小，黄褐色。浆果，近椭圆形，黄色至淡红色。

✿ 植株高大雄伟，形态优美，作景观树或行道树。

651

江边刺葵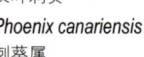
软叶刺葵、美丽针葵
Phoenix roebelenii
刺葵属

常绿灌木。茎单生或丛生，有残存的三角状叶柄基。叶 1 回羽状全裂，长 1~2 m，常拱垂；小叶条状披针形，柔软下垂，2 列，近对生，长 20~30 cm，基部内折；背面被灰白色鳞秕；下部裂片成细长软刺。肉穗花序生于叶丛中；雌雄异株。果矩圆形。

652

棕竹
Rhapis excelsa
棕竹属

常绿丛生灌木。叶鞘纤维粗糙；叶掌状 5~10 深裂，裂片宽线形或线状椭圆形，宽 1~5 cm，先端截状，具 2~5 条肋脉，叶缘和主脉上有锐齿，叶柄顶端的小戟突呈半圆形。肉穗花序多分枝，总苞背面有毛；雌雄异株；花较小，淡黄色。浆果球形。

✿ 株形紧密秀丽，有热带风韵，也有竹的潇洒，是优良的观叶植物。根及叶鞘纤维入药，收敛止血。

653

矮棕竹
Rhapis humilis
棕竹属

常绿丛生灌木。叶鞘纤维纤细；叶掌状 7~20 深裂几达基部，裂片线形，宽 0.8~2 cm，具 1~2 条肋脉，先端稍渐尖并有齿 2~3，缘有细锯齿；小戟突常三角形。肉穗花序总苞背面近无毛；雌雄异株；花小，淡黄色。果球形。

✿ 常植于庭园或室内盆栽观赏。秆可作手杖、伞柄等。

654

棕榈
Trachycarpus fortunei
棕榈属

常绿乔木。茎干具宿存叶基纤维。叶圆扇形，径 50~70 cm，掌状深裂至中部以下，裂片条形，顶端浅 2 裂，较硬直；叶柄细长，两边具细齿。肉穗花序排成圆锥状，佛焰苞明显；花小，淡黄色，单性异株。核果肾状球形，蓝黑色。

✿ 树形优美，具热带风情，庭植观赏；叶柄煅炭入药可止血。

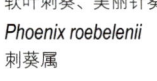
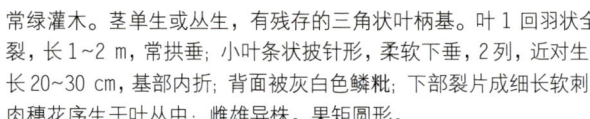

649

650

651

652

653

654

655

大丝葵
墨西哥蒲葵
Washingtonia robusta
丝葵属

常绿乔木。茎基部稍膨大；去掉枯叶后具明显环状叶痕和不明显纵裂；叶基呈交叉状。叶大型，掌状深裂至基部 2/3 处，径达 1.5 m，裂片边缘有垂挂的纤维丝；叶柄边缘具粗壮钩刺。肉穗花序；花两性，几无梗。果实椭圆形，具宿存花柱。

天南星科 Araceae

草本。有根茎或块茎。单叶或复叶，基生或互生，全缘或分裂，具膜质鞘。肉穗花序具佛焰苞；花辐射对称，两性或单性，单性同株时，花序上部为雄花，下部为雌花，中间为不育或中性花；花被缺或为 4~6 个鳞状体；雄蕊 4 或 6，分离或聚药；子房上位，一至多室。浆果。

656

金钱蒲
石菖蒲
Acorus gramineus
菖蒲属

多年生草本。根茎芳香。叶基生，2 列，剑形，宽 3~10 mm，叶鞘套叠。花葶基出；佛焰苞叶状；肉穗花序圆柱形；花白色，两性，花被片 6，雄蕊 6。成熟果序径达 1 cm，黄白色。

✿ 根茎入药，为芳香健胃剂；本种和栽培品种金叶石菖蒲常作地被植物或山石水景点缀。

657

广东万年青
Aglaonema modestum
广东万年青属

多年生常绿草本。叶卵形或卵状披针形，长 10~20 cm，渐尖至尾尖。佛焰苞白色；肉穗花序圆柱形；花小，白色，单性。浆果红色。

✿ 作地被植物。药用，清热、消肿。

658

海芋
滴水观音
Alocasia odora
海芋属

多年生常绿高大草本。茎粗壮。叶簇生，盾状着生，箭状卵形，边缘波状，长 30~90 cm。佛焰苞下部筒状，上部舟形；肉穗花序芳香；雌花白色；雄花具聚药雄蕊 4。浆果红色。

✿ 叶大美观，庭植或盆栽观叶。外敷治疗疮肿毒。汁液有毒。

659

花蘑芋
磨芋、魔芋
Amorphophallus konjac
蘑芋属

多年生草本。块茎扁圆形。先花后叶，叶 1 枚，3 全裂，每裂叶 2 歧分叉，裂片再羽裂，小裂片椭圆形至卵状矩圆形，长 2~8 cm，有狭翅；叶柄杂有暗紫或白色斑纹。肉穗花序长于佛焰苞，雌花紫色；上部雄花紧接。浆果近球形，黄绿色。

✿ 块茎加工后供蔬食；亦药用，消肿解毒。全株有毒，慎用。

660

花烛
红掌、安祖花
Anthurium andraeanum
花烛属

多年生常绿草本。叶从根茎抽出，具长柄，单生、心形，鲜绿色。花腋生，佛焰苞蜡质，正圆形至卵圆形，有红、橙等色；肉穗花序，圆柱状。条件适宜可全年开花。

✿ 株美叶翠、花大而奇特，花期长，是著名的切花和观叶植物。

655

656

657

658

659

660

661

芋
芋头
Colocasia esculenta
芋属

多年生草本。块茎常卵形。叶基生，盾状着生，卵形，长 20~60 cm；叶柄绿色或淡紫色。很少开花，总花梗短于叶柄，佛焰苞黄色；顶端附属体甚短，约为雄花部分之半。

✿ 块茎食用；也是淀粉和酒精的原料。

662

绿萝
黄金葛
Epipremnum aureum
麒麟叶属

多年生常绿攀缘草本。具气生根。叶互生，宽卵形至长圆形，短渐尖，基部心形，绿色，有不规则黄色斑块，全缘。肉穗花序。

✿ 叶大美观，四季常绿，是优良的耐阴观叶植物，盆栽或吊盆栽植；栽培的常见品种有金叶绿萝 'Allgold'。茎叶入药能消肿止痛。

663

龟背竹
Monstera deliciosa
龟背竹属

多年生常绿攀缘藤本。茎粗壮，有半月形叶迹和气生根。叶片心脏卵形，边缘羽裂，叶脉间有椭圆形穿孔。肉穗花序淡黄色。

✿ 叶奇特似龟甲，翠绿光亮，庭植或作室内观叶。

664

春羽
羽叶喜林芋
Philodendron bipinnatifidum
喜林芋属

多年生常绿草本。老茎粗壮，基部常木质化，节间短，有气生根。叶簇生茎端，向四面伸展；叶片宽卵状心脏形，长 40~80 cm，羽状深裂，翠绿色，革质有光泽；叶柄坚挺而细长。肉穗花序总梗短。花单性，无花被。浆果。

✿ 株形美观，四季常青，优良的观叶植物，常植于水岸边观赏。

665

虎掌
狗爪半夏
Pinellia pedatisecta
半夏属

多年生草本。块茎球形。叶基出，2~3 年生者鸟足状全裂，裂片 5~9，披针形。花葶长 10~40 cm；佛焰苞淡绿色；肉穗花序，顶端附属体细长；雌雄同株。浆果椭圆形，长约 6 mm。

✿ 我国特有。块茎敷治肿毒，但有毒，宜慎用。

☛ 本种和天南星（*Arisaema heterophyllum*）幼苗区别在于：后者叶从假茎上生出，小叶片 13~21，中间 1 片较其相邻者为小。

666

大藻
Pistia stratiotes
大藻属

浮水植物。叶呈莲座状；叶片倒卵状楔形，长 2~8 cm，顶端钝圆而微波状，两面有毛。肉穗花序腋生；花小，绿色。

✿ 株形美观，常用于水体绿化。全株入药可治肿毒。

661

662

663

664

665

666

667

白掌
白鹤芋
Spathiphyllum floribundum
白鹤芋

多年生草本。具短根茎。叶长椭圆状披针形，两端渐尖，叶脉明显；叶柄长，基部呈鞘状。花葶直立，高出叶丛，佛焰苞直立向上，稍卷，白色，肉穗花序圆柱状，白色。花期 2~6 月。

✿ 翠绿叶色配洁白佛焰苞，清新幽雅，是优良的观叶观花植物。

668

犁头尖
Typhonium blumei
犁头尖属

多年生草本。块茎近球形。叶基出，心状戟形至箭形，长 5~10 cm。佛焰苞紫色；肉穗花序，雌花淡黄色，雌雄花中间有不育部分；顶端具紫色、细柱状附属体。浆果倒卵形。

✿ 块茎有毒，外用解毒消肿、散结、止血，主治蛇伤、肿毒等。

669

马蹄莲
Zantedeschia aethiopica
马蹄莲属

多年生粗壮草本。具根状茎。叶基生，心状箭形或戟形，长 15~45 cm。佛焰苞管部黄色，檐部宽张，白色或乳白色；花单性同株；肉穗花序短于佛焰苞，圆柱形，黄色。花期 2~4 月。

✿ 叶片翠绿，花苞洁白，宛如马蹄，花叶兼赏。

浮萍科　Lemnaceae

小型草木，植物体退化为鳞片状叶状体，单一或聚生，浮水或沉水，具细根或无。花单性同株，辐射对称；无花被，雄花有雄蕊 1~2；雌花心皮 1，子房上位，1 室。胞果。

670

浮萍
青萍
Lemna minor
浮萍属

浮水小草本。根 1 条。叶状体倒卵形或椭圆形，上面绿色，下面黄绿或紫色。花生于叶状体边缘开裂处；佛焰苞囊状。

✿ 全草药用，有发汗、利水、消肿之效。

☛ 与紫萍（*Spirodela polyrhiza*）的区别在于后者根 5~11 条束生。

鸭跖草科　Commelinaceae

草本。茎有节。叶互生，有鞘。花丛生或为聚伞、圆锥花序；花两性，辐射或两侧对称；萼片 3；花瓣 3，有时基部合生成筒状；雄蕊 6，全育或 2~3 个能育，花丝常有毛；子房上位，2~3 室。蒴果。

671

鸭跖草
Commelina communis
鸭跖草属

一年生披散草本。叶披针形至卵状披针形，长 3~8 cm。佛焰苞卵状心形，缘有硬毛。聚伞花序；花瓣深蓝色；雄蕊 6，3 枚退化雄蕊顶端成蝴蝶状，花丝无毛。花期 6~9 月。

✿ 作地被或悬垂绿化植物。全株药用，清热解毒。

672

紫竹梅
紫鸭跖草、紫罗兰
Setcreasea purpurea
紫竹梅属

多年生紫红色草本。贴地茎节生根。叶互生，阔披针形，长 6~13 cm，全缘，叶鞘长 2~4 cm。聚伞花序缩生于枝顶；花淡紫红色；雄蕊 6，花丝被棉毛。蒴果椭圆形。花期 5~9 月。

✿ 整株全年呈紫红色，作地被或悬垂绿化植物。

667

668

669

670

671

672

673

紫露草
Tradescantia reflexa
紫露草属

多年生常绿草本。茎匍匐或斜生。叶披针形，全缘。花序柄 2 叉，苞片披针形；花瓣蓝紫色；花丝被蓝紫色纤毛。花期 6~10 月。

❀ 花期长、株形奇特秀美，常作垂吊栽培观赏。

674

白花紫露草
Tradescantia fluminensis
紫露草属

多年生常绿草本。茎匍匐，贴地茎节生根。叶互生，长椭圆形，表面绿色有光泽，具白色条纹，光线不足时变为绿色。伞形花序；花瓣 3，白色；雄蕊 6，花丝被白色纤毛。园林用途同紫露草。

675

吊竹梅
Tradescantia zebrina
吊竹梅属

多年生草本。叶互生，卵状长圆形，长 3~7 cm，全缘，上面绿色而具白或紫色条纹，下面紫红色。伞形花序顶成；花瓣紫红色。

❀ 叶形似竹且常盆栽悬挂观赏，故名"吊竹梅"；亦作地被植物。

雨久花科　Pontederiaceae

水生草本。叶浮水或沉水，基部有鞘。花两性，辐射或两侧对称，穗状或总状等花序，生于叶鞘腋部；花被花瓣状，6，分离或合生；雄蕊常 6；子房上位，3 或 1 室。蒴果或小坚果。

676

梭鱼草
Pontederia cordata
梭鱼草属

多年生水生草本。叶基生，倒卵状披针形，长 10~20 cm。穗状花序顶生，花径约 1 cm，蓝紫色，上方花被片有黄斑。花期 5~7 月。

❀ 叶色翠绿，花色迷人，花期长，用于水景绿化。

灯心草科　Juncaceae

草本。具根茎和直立单生的茎。叶扁平或圆柱状，有时退化为膜质的鞘。花两性，绿色或稍白色，聚伞或圆锥花序；花被片 6，2 轮，颖状；雄蕊 6，稀 3；子房上位，1~3 室。蒴果。

677

灯心草
Juncus effusus
灯心草属

多年生草本。根状茎横走。低出叶鞘状或鳞片状；叶片退化呈刺芒状。花序假侧生，聚伞状；总苞片延伸似茎；花小，雄蕊 3。

❀ 全草入药，有利尿、清凉镇静之效。

百部科　Stemonaceae

草本。常具肉质块根。叶互生、对生或轮生，基出脉明显。花两性，辐射对称，腋生或贴生于叶片中脉；花被片 4；雄蕊 4，花药线形，药隔细长；子房上位至半下位，1 室。蒴果。

678

大百部
Stemona tuberosa
百部属

攀缘草本。块根纺锤状。叶对生或轮生，卵状披针形或宽卵形，长 6~30 cm，基部心形。花单生或成总状花序；花被片黄绿色，披针形，长 3.5~7.5 cm；雄蕊紫色；药隔线状披针形。花期 4~7 月。

❀ 块根药用，有温肺止咳、杀虫之效。

百合科　Liliaceae

　　草本。具地下茎。单叶互生、轮生或对生。花两性，辐射对称，总状、穗状或伞形花序；3基数；花被花瓣状，花被6，2轮或1轮而下部合生；雄蕊6；子房上位，3室。蒴果或浆果。

679

葱
Allium fistulosum
葱属

多年生草本，具辛辣味。鳞茎柱形。叶基生，中空，叶鞘封闭。花葶空心；伞形花序球形；总苞2裂；花被钟状，花被6，白色。
♻ 作蔬菜食用，鳞茎"葱白"和种子入药。

680

韭
Allium tuberosum
葱属

草本。具根状茎。叶基生，条形，扁平，宽1.5~7 mm。花葶圆柱形，总苞2裂；伞形花序多花；白色或带红色。果具倒心形果瓣。
♻ 广泛栽培作蔬菜。

681

木立芦荟
木剑芦荟、日本芦荟
Aloe arborescens
芦荟属

多年生常绿草本。叶轮生，肉质，呈莲座状，宽3~4 cm，长达30 cm，先端锐尖，边缘疏生硬齿或刺。花葶从叶丛中抽出；总状花序或伞形花序；花橙红色。蒴果。花期4~5月。
♻ 花叶兼赏。叶汁极苦；叶可加工成健康食品或化妆品等。

682

芦荟
中华芦荟
Aloe vera
芦荟属

多年生常绿草本，具短茎。叶在幼苗期呈2列，后呈莲座状；肥厚，披针形，长15~36 cm，基部宽3.5~6 cm，粉绿色，具矩圆形白斑，边缘疏生黄色齿状刺。总状花序；花黄色或具红色斑点；花被片6，长约2.5 cm，下部合生成筒；花柱略伸出花被。
♻ 花叶兼备的观赏植物。叶供食用或做保健品。

683

天门冬
武竹
Asparagus cochinchinensis
天门冬属

攀缘草本。块根纺锤形或长圆形；茎平滑。叶状枝3枚成簇，扁镰刀状或具三棱，长0.5~8 cm。鳞片状叶基部具硬刺。花常2朵腋生，淡绿色；花梗长2~6 mm。浆果球形，红色。花果期5~9月。
♻ 块根药用，有滋阴润燥、清火止咳之效。枝叶翠绿茂盛、球果鲜红，作地被植物或作插花材料。

684

非洲天门冬
Asparagus densiflorus
天门冬属

常绿亚灌木，稍攀缘。茎枝具纵棱。叶状枝3（1~5）枚成簇，扁平，条形，长1~3 cm，先端具锐尖头。茎上鳞片状叶基部具长硬刺，分枝无刺。总状花序；花两性，白色。浆果，红色。

685

羊齿天门冬
Asparagus filicinus
天门冬属

直立草本。块根纺锤状。茎近平滑，分枝，具棱。叶状枝 5~8 枚成簇，扁镰刀状，具中脉。鳞片状叶基部无刺。花小，单性异株；常 2 朵腋生，淡绿色；花梗纤细，长 1~2 cm。浆果球形。用途同天门冬。

686

石刁柏
芦笋、露笋
Asparagus officinalis
天门冬属

多年生草本。茎平滑，具白粉；分枝较柔弱。叶状枝 3~6 枚成簇，近圆柱形，纤细，多少弧曲。叶鳞片状。花单性异株；1~4 朵腋生，钟形，黄绿色；花梗长 7~14 mm；花被片 6；雄花花丝中部以下贴生于花被片上。浆果球形，红色。
🌱 嫩茎叶做蔬菜。

687

蓬莱松
Asparagus retrofractus
天门冬属

多年生灌木状草本。具白色肥大肉质根。小枝纤细，叶状体扁线形，簇生成团，呈短松针状。花白色，有香气。浆果黑色。
🌱 常盆栽观赏，或布置花坛，也作插花衬叶材料。

688

文竹
云片竹
Asparagus setaceus
天门冬属

多年生常绿草本。茎簇生，直立或攀缘；多分枝，呈三角形水平展开。叶状枝 10~13 枚成簇，刚毛状；叶鳞片状，基部具刺。花小，两性，白色。浆果。
🌱 枝叶纤细，疏密青翠，挺拔秀丽，以盆栽观叶为主，也是良好的切花、花束、花篮的陪衬材料。

689

蜘蛛抱蛋
一叶兰、蜘蛛抱蛋
Aspidistra elatior
蜘蛛抱蛋属

多年生常绿草本。根状茎粗壮。单叶基生，叶片矩圆状披针形、披针形至近椭圆形，质硬，边缘皱波状。花单生，紧附地面，花被片合生成钟状，暗紫色，径约 2.5 cm，8 裂；雄蕊 8。
🌱 因绿色浆果的外形似蜘蛛卵，露出土面的地下根茎似蜘蛛，故名"蜘蛛抱蛋"。常作地被植物。

690

斑点蜘蛛抱蛋
Aspidistra elatior
var. punctata
洒金蜘蛛抱蛋

蜘蛛抱蛋的栽培变种，叶片上有乳白色或浅黄色条纹或斑点。
🌱 叶终年常绿，且叶形优美，生长健壮，是理想的地被植物和室内观叶植物。

685

686

687

688

689

690

691

吊兰
Chlorophytum comosum
吊兰属

多年生常绿草本，具圆柱状须根和短根状茎。叶基生，条形至条状披针形，长20~40 cm。总状花序，近末端有叶簇或幼小植物；花白色，数朵一簇在花序轴上散生；花被片6，花丝明显长于花药，花药开裂后反曲。蒴果。花期4~6月。

🐌 西南吊兰（*C. nepalense*）：花序上不具叶簇或幼小植物；花丝短于花药或近等长，花药开裂后不卷曲。均作地被植物或观叶植物。

692

金心吊兰
Chlorophytum comosum
'Medio-pictum'

吊兰的栽培品种。叶片中间具黄白色纵条纹。生长快，栽培容易。园林用途同吊兰。

693

金边吊兰
Chlorophytum comosum
'Variegatum'

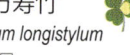

吊兰的栽培品种。叶片边缘呈金黄色带状。园林用途同吊兰。

694

长蕊万寿竹
Disporum longistylum
万寿竹属

多年生草本。根茎呈结节状。叶互生，椭圆形至阔披针形，长5~15 cm，基部近圆形。花2~6朵簇生于枝端；花被片6，白色或黄绿色，长1~2 cm；黄色花药、花柱露出花被外。浆果黑色。花期4~5月。

695

黄花菜
金针菜
Hemerocallis citrina
萱草属

多年生草本。具短根状茎和纺锤状块根。叶基生，排成两列，狭长带状，宽1.5~2.5 cm。聚伞花序复组成圆锥状；花黄色或柠檬黄色，芳香；花被长13~16 cm，下部合生成花被筒，裂片6；雄蕊、花柱上弯。花果期5~9月。

♻ 花药食，有健胃、利尿、消肿之效，但鲜花不宜多食，以免引起腹泻等中毒现象。

696

萱草
忘忧草
Hemerocallis fulva
萱草属

多年生草本。具短根茎和纺锤状块根。叶基生，2列，条状披针形，宽1.5~3.5 cm。聚伞花序成圆锥状；花桔红或桔黄色；花被长7~12 cm，下部合生；内花被具"∧"形彩斑；雄蕊、花柱均上弯。花果期5~7月。

♻ 我国传统名花。"萱草生堂阶，游子行天涯。慈亲倚堂门，不见萱草花"。古时游子远行时常在北堂种萱草，希望母亲忘却烦忧，减轻对孩子的思念。故萱草常作为母亲的象征。全草药用，清热除烦。

691

692

693

694

695

696

697

玉簪
Hosta plantaginea
玉簪属

多年生草本。叶基生，卵形至心状卵形，长 15~25 cm。花葶从叶丛中抽出；总状花序；花白色，芳香，花被筒下部细小，花被裂片6，长 3.5~4 cm；花柱常伸出花被外。蒴果圆柱形。花期 7~9 月。
❀ 玉簪清秀挺拔，碧叶莹润，花色如玉，幽香四溢，令人有"瑶池仙子宴流霞，醉里遗簪幻作花"的遐思，被誉为"江南第一花"，是我国传统名花。全草药用，有清咽、利尿和消炎去疮毒之效。

698

紫萼
Hosta ventricosa
玉簪属

多年生草本。叶基生，卵状心形，长 10~17 cm。花葶从叶丛中抽出；总状花序；花紫或淡紫色；花被筒下部细，上部膨大成钟形；花被裂片6，长 1.5~1.8 cm；雄蕊伸出花被筒。蒴果圆柱形。花期 6~7 月。
❀ 花色素雅，叶脉清晰，常作地被植物。

699

野百合
Lilium brownii
百合属

多年生草本。鳞茎球形。叶互生，披针形至条形，长 7~15 cm。花单生或排成近伞形；花喇叭形，有香气，花被片6裂，乳白色稍带紫色，裂片向外稍张开，长 13~18 cm；雄蕊上弯。花期 5~8 月。
❀ "接叶有多种，开花无异色。含露或低垂，从风时偃仰"。百合（*L. spp.*）姿色优美，花色秀艳，是我国传统名花，也是著名切花，是圣洁、高雅的象征。鳞茎药食，有润肺止咳、清热、安神等功效。

700

卷丹
Lilium lancifolium
百合属

多年生草本。鳞茎瓣宽卵形。叶互生，矩圆状披针形至披针形，长 3~7.5 cm。花橙红色，下垂；花梗紫色，具白绵毛；花被片6，长 5.7~10 cm，反卷，内面具紫黑色斑点；雄蕊四面张开。花期 7~8 月。
❀ 栽培观赏；鳞茎含大量淀粉，可作蔬菜食用。

701

阔叶山麦冬
Liriope muscari
山麦冬属

多年生常绿草本。叶基生成丛，条形，宽 1~3.5 cm，革质，具 9~11 条脉，有时具明显的横脉。花葶常长于叶；花 4~8 朵簇生于苞腋；花被片6，分离，淡紫色。浆果球形，紫黑色。花果期 6~10 月。

702

山麦冬
土麦冬
Liriope spicata
山麦冬属

多年生常绿草本。具短根茎和肉质块根。叶基生成丛，禾叶状，宽 4~7 mm，具 5 条脉，中脉明显。花葶常长于或几等于叶；顶生总状花序；花 1~4 朵簇生于苞腋，直立；花被片6，分离，淡紫色；花药花丝近等长；子房上位。浆果球形，紫黑色。花果期 5~10 月。
❀ 作地被或花坛绿地镶边用；块根作"麦冬"用。

697

698

699

700

701

702

703

沿阶草
Ophiopogon bodinieri
沿阶草属

多年生常绿草本。根末端或中部常膨大成小块根。叶基生成丛，禾叶状，宽 2~4 mm，具 3~5 条脉。花葶较叶稍短或近等长；顶生总状花序；花俯垂；花梗长 5~8 mm；花被片 6，分离，白色或稍带紫色，盛开时多少展开；花丝短于花药；花柱细圆柱形；子房半下位。浆果球形，蓝青色。花果期 6-10 月。用途同麦冬。

704

麦冬
沿阶草、书带草
Ophiopogon japonicus
沿阶草属

多年生草本。根末端或中部常膨大成肉质块根。叶基生成丛，禾叶状，宽 1.5~3.5 mm，具 3~7 条脉。花葶较叶遥短；总状花序顶生；花俯垂；花梗长 3~4 mm；花被片 6，分离，白色或淡紫色，几不展开；花丝短于花药；花柱粗短，基部宽阔；子房半下位。浆果球形，蓝青色。花果期 5-11 月。

✿ 作地被或镶边植物；小块根为中药"麦冬"，为缓和滋养强健药。

705

虎眼万年青
海葱
Ornithogalum caudatum
虎眼万年青属

多年生草本。鳞茎卵状球形。叶基生，近肉质，带状，宽达 5 cm。总状花序边开花边延长，具 50~60 朵花；花被片 6，白色，中间有一条绿色的带。蒴果 3 裂。花期 7-8 月。

✿ 鳞茎上的小子球，形似虎眼，故而得名。民间用其治疗肝病、肝癌、胆囊炎症等。

706

玉竹
Polygonatum odoratum
黄精属

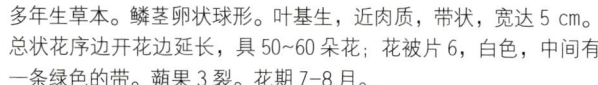

多年生草本。根状茎圆柱形。叶互生，椭圆形至卵状矩圆形，长 5~12 cm，顶端尖。花序腋生，具 1~3（8）花；花被白色或顶端黄绿色，合生成筒状，长 15~20 mm。浆果蓝黑色。

✿ 根状茎为中药"玉竹"；亦作地被植物。

707

吉祥草
Reineckea carnea
吉祥草属

多年生常绿草本。茎匍匐，节处生根和叶簇。叶每簇有 4~8 枚，条形至披针形，宽 0.5~3.5 cm。穗状花序顶生；花内白外紫红色；花被片合生成短管状，先端 6 裂；裂片花时反卷。花果期 7-11 月。

✿ 作地被植物；全株有润肺止咳、清热利湿之效。

708

金边万年青
Rohdea japonica
var. variegata
万年青属

多年生常绿草本。根状茎粗短。叶基生，矩圆形、披针形或倒披针形，宽 2.5~7 cm，边缘黄色。穗状花序侧生；花被合生，球形钟状，裂片 6，不明显，肉质，淡黄或褐色。浆果红色。花果期 5-11 月。

✿ 作地被植物；根状茎入药，有清热解毒、利尿之效。

➤ 本种和开口箭（*Campylandra chinensis*）区别在于后者根状茎长圆柱形，花短钟状，长 5~7 mm，裂片明显。

709

郁金香
Tulipa gesneriana
郁金香属

多年生草本。鳞茎卵形。叶基生，长椭圆状披针形。花单生茎顶；花被片 6，分离，红色或杂有白和黄等色；雄蕊 6。蒴果开裂。
✿ 品种繁多，花色丰富，各地栽培观赏。

龙舌兰科 Agavaceae

　　植物有根茎。叶常聚生于茎顶或基部，狭，常厚肉质，全缘或有刺。总状花序式或圆锥花序；花两性或单性，常辐射对称；花被管裂片 6；雄蕊 6；子房上位或下位，3 室。浆果或蒴果。

710

龙舌兰
Agave americana
龙舌兰属

多年生常绿木本。茎粗短。叶莲座式排列，较松散，肉质坚挺（老叶子向后反折），倒披针形，中部宽 15~20 cm，顶端有 1 硬尖刺，缘有疏刺。圆锥花序大型；花黄绿色，花被裂片 6。蒴果长圆形。
☛ 本种与剑麻（*A. sisalana*）区别在于后者叶剑形，挺直，莲座式排列较紧密，叶缘无刺或偶有刺，宽约 10 cm，中部宽 10~15 cm；开花和长出珠芽后死亡。

711

金边龙舌兰
Agave americana
var. *marginata*

为龙舌兰变种，叶片两侧具黄色宽条纹。

712

朱蕉
红叶铁树
Cordyline fruticosa
朱蕉属

灌木。叶在茎顶呈 2 列状旋转聚生，披针状椭圆形至长矩圆形，长 30~50 cm，中脉明显，红色亮丽，有艳红边缘；叶柄基部抱茎。圆锥花序生于上部叶腋，多分枝；花淡红色至紫色，近无梗，花被片 6，长约 1 cm，基部合生成圆筒状。

713

银线象脚丝兰
巨丝兰、荷兰铁
Yucca elephantipes
丝兰属

常绿木本。茎圆柱形，基部粗壮如象腿。叶螺旋状聚生于茎顶，长披针形，宽 7.5~10 cm；硬革质，全缘，绿色，无柄。圆锥花序，花乳白色。蒴果。
✿ 树姿刚健挺秀，为优良的观叶植物，可地栽或插干盆栽观赏。

714

凤尾丝兰
Yucca gloriosa
丝兰属

常绿木本。具茎。叶剑形，硬直，螺旋状密集排列，宽 4~6 cm，顶端硬尖，边缘光滑。大型圆锥花序；花大而下垂，白色至淡黄白色；花被片 6。蒴果不开裂。花期 6~10 月。
✿ 株美、花大、叶常绿，是良好的庭园观花观叶植物。
☛ 本种与丝兰（*Y. filamentosa*）区别在于后者近无茎，叶在地面丛生，较狭，宽 2.5~4 cm，边缘具分离的白色纤维，蒴果开裂。

石蒜科　Amaryllidaceae

草本。具鳞茎或根茎。叶基生，全缘。花两性，辐射对称，单生或成伞形花序，具总苞；花被花瓣状，裂片 6，2 轮，常具副花冠；雄蕊 6，花丝基部连合成筒；子房下位，3 室。蒴果。

715

百子莲
Agapanthus africanus
百子莲属

多年生常绿草本。具根状茎和肉质根。叶二列状基生，线状披针形，近革质。顶生伞形花序，花 10~50 朵；花被片合生成漏斗状，深蓝色至白色，花被裂片 6。花期 6~9 月。

🌼 叶丛浓绿、光亮，花形秀丽，庭植或盆栽观赏，亦作切花材料。

716

君子兰
Clivia miniata
君子兰属

多年生常绿草本。具假鳞茎和白色肉质根。叶在短茎上互生排成 2 列，带状，长 30~50 cm，革质。伞形花序顶生，有花 7~30 朵，有花梗；花冠漏斗状，直立，黄或橘黄色，花被裂片 6。花期 1~6 月。

🌼 花期长达 1~2 个月，花、叶俱美，常盆栽观赏。

717

大叶仙茅
Curculigo capitulata
仙茅属

多年生常绿草本。根状茎粗厚。叶基生，常 5~6 枚，矩圆状披针形，长 30~90 cm，具折扇状脉，全缘。花葶从叶腋发出，高 10~20 cm，稍俯垂；花聚生成头状花序，花被裂片 6，黄色。花果期 5~9 月。

🌼 庭植观赏或作地被植物。

718

朱顶红
孤挺花
Hippeastrum rutilum
朱顶红属

多年生常绿草本。鳞茎近球形。叶基生成 2 列，带状，长约 30 cm。花葶中空，有白粉；顶端着花 2~6 朵；花大型，径达 20 cm，漏斗状，颜色丰富，中心及边缘有色纹；花被裂片 6。花期 4~6 月。

🌼 庭植或盆栽观赏，也作切花材料。

719

水鬼蕉
蜘蛛兰
Hymenocallis littoralis
水鬼蕉属

多年生常绿草本。鳞茎球形。叶基生，带状，长 60 cm。花葶扁平实心；伞形花序顶生，径达 20 cm，有 3~8 朵具香气白色小花；花被管细，花被裂片线形；花丝基部合生成具齿杯状体。花期 7~9 月。

🌼 花形别致，亭亭玉立，庭植观赏。

720

忽地笑
黄花石蒜、老鸦蒜
Lycoris aurea
石蒜属

多年生草本。鳞茎卵形。秋季出叶，叶基生，剑形，宽 1~2.5 cm。花葶实心，叶前抽出；伞形花序；花黄色或橙色；花被漏斗状，裂片 6，反卷和皱曲；雄蕊比花被约长 1/6。花期 8~9 月。

🌼 有毒。鳞茎可提取治疗小儿麻痹后遗症的药物；也作农药。

7₂₁

石蒜
曼珠沙华、彼岸花
Lycoris radiata
石蒜属

多年生草本。鳞茎宽椭圆形或球形。叶基生，狭带状，宽 0.5 cm。花葶实心，叶前抽出；伞形花序；花鲜红色；花被漏斗状，反卷和皱曲，花被筒长 0.5 cm；雄蕊长为裂片的 2 倍。花期 9~10 月

✿ 石蒜开在秋彼岸期间、叶花不相见而称"彼岸花"。作林下地被或切花材料。药用，能催吐祛痰，消肿止痛，治疮毒。鳞茎有毒。

7₂₂

水仙
中国水仙、雅蒜、
凌波仙子
Narcissus tazetta
var. chinensis
水仙属

多年生草本。鳞茎卵球形。叶基生；带状直立，宽 8~15 mm，全缘。花葶中空，与叶等长；伞形花序有花 4~8 朵，芳香；花被高脚碟状，白色，花被裂片 6，扩展，副花冠浅杯状，鲜黄色。花期 1~2 月。

✿ "翠袖黄冠白玉英"的水仙，以"水上轻盈步微月"的高雅、"不许淤泥侵皓素"的品格以及"借水开花自一奇，水沉为骨玉为肌""一盆玉蕊满堂春"的奉献精神，为人们赞赏，是我国十大名花之一，也是重要的年宵花。栽培品种有单瓣、清香浓郁的"金盏银台"和复瓣、香气稍淡的"玉玲珑"。鳞茎有毒，作镇痛麻醉剂。

7₂₃

紫娇花
Tulbaghia violacea
紫娇花属

草本。小鳞茎圆柱形。叶基生，狭线形，宽 5 mm。伞形花序呈球形，径 2~5 cm；花被漏斗状，粉红色，花被裂片 6，卵状长圆形，淡紫红色；雄蕊着生于花被基部；与花柱外露。花期 5~7 月。

7₂₄

葱莲
葱兰、玉帘
Zephyranthes candida
葱莲属

多年生常绿草本。鳞茎卵形。叶基生，狭线形，宽 2~4 mm，先端钝。花单生于中空花葶的顶端；花冠漏斗状，白色，径 2~5 cm；花被裂片 6，几无花被管；柱头不明显 3 深裂。花期 6~9 月。

✿ 植株低矮而紧密，花期长，作地被或花坛镶边植物。

7₂₅

韭莲
风雨花
Zephyranthes carinata
葱莲属

多年生常绿草本。鳞茎卵球形。叶基生，线形，宽 6~8 mm。花单生花葶顶端；佛焰苞状总苞片，常带淡紫红色；花被漏斗状，粉红色，径 2~7 cm；花被裂片 6，花被管长 1~2.5 cm；柱头 3 深裂。蒴果近球形。花期 6~9 月。

薯蓣科　Dioscoreaceae

缠绕草本。具块茎或根茎。单叶或掌状复叶，常互生，腋内有珠芽。花常单性异株，辐射对称，穗状等花序；花被片 6，基部合生；雄蕊 6；子房下位，3 室。蒴果或浆果；种子具翅。

7₂₆

黄独
Dioscorea bulbifera
薯蓣属

草质缠绕藤本。块茎卵圆形或梨形。单叶互生，宽心状卵形，全缘或微波状。穗状花序下垂；花小，黄白色至紫色。果翅长圆形。

✿ 块茎作"黄药子"入药，治咽喉肿痛等。

721

722

723

724

725

726

7₂7

薯蓣
Dioscorea polystachya
薯蓣属

草质缠绕藤本。块茎圆柱形。单叶互生至对生，三角状卵形或耳状 3 裂，长 3~9 cm。穗状花序；花小，绿白或淡黄色。果翅半月形。
✿ 块茎为常用中药"淮山药"，为滋养强壮健胃药；也供食用。

鸢尾科　Iridaceae

多年生草本。具根茎、块茎或鳞茎。叶常基生而嵌叠状排成 2 列，剑形或线形。花两性，辐射对称或两侧对称；由 2 至数枚苞片组成的佛焰苞内抽出，常排成聚伞花序；花被片 6，2 轮，基部合生成管状；雄蕊 3；子房下位，3 室，花柱 1，柱头 3。蒴果。

7₂8

雄黄兰
Crocosmia crocosmiflora
射干属

多年生草本。球茎扁圆球形。叶基生嵌迭成 2 列，宽剑形，长达 60 cm；茎生叶短狭，披针形。聚伞花序顶生；花两侧对称，桔黄色，径 3.5~4 cm；花被片 6，基部合生成短筒。蒴果。花期 7~8 月。
✿ 球茎有毒，入药有清热解毒、散结消炎、消肿止痛之效。

7₂9

香雪兰
Freesia refracta
香雪兰属

多年生草本。球茎卵圆形。叶条形，宽 5~13 mm。花多数，疏散偏于顶生穗状花序的一侧；黄色，芳香；花被狭漏斗状；裂片 6。
✿ 花含芳香油，可提制浸膏；也可作切花材料。

7₃0

金脉鸢尾
Iris chrysographes
鸢尾属

多年生草本。根状茎圆柱形。叶基生，灰绿色，条形，宽 5~12 mm。花葶中空，与叶近等长，常有花 2 朵；花深蓝紫色，径 8~12 cm；外轮花被裂片矩圆形，基部变狭，内面有金黄色条纹，内轮花被裂片狭倒披针形，开展；花柱分枝蓝紫色，拱形弯曲。花期 6~7 月。

7₃1

德国鸢尾
Iris germanica
鸢尾属

多年生草本。根状茎粗壮肥厚。叶剑形，宽 2~4 cm。花葶高出叶，有花 4 朵；花径达 12 cm；紫、白或黄等色，有香味；外轮花被裂片长圆形倒卵形，外折，基部稍楔形，中部密生黄色须毛，有斑纹，内轮 3 片倒卵形，呈拱形直立；花柱分枝 3，花瓣状。花期 4~5 月。
✿ 品种多，栽培观赏，也是重要的切花材料。

7₃2

蝴蝶花
日本鸢尾、扁竹根
Iris japonica
鸢尾属

多年生草本。根状茎细弱。叶剑形，宽 1.2~3 cm。花葶高出叶；总状花序；花淡紫或淡蓝色，径 5~6 cm，外轮花被裂片具黄色斑纹和鸡冠状突起，内轮花被裂片顶端 2 裂；花柱分枝 3，深紫色，花瓣状，反卷盖于花药上。花期 3~4 月。
✿ 重要的观叶观花地被植物。全草入药，可清热解毒、消瘀逐水。

727

728

729

730

731

732

733

白蝴蝶花
Iris japonica
f. pallescens
鸢尾属

为蝴蝶花变型。叶片及苞片均为黄绿色；花白色，径约 5.5 cm；外花被裂片中肋上有淡黄色斑纹及淡黄褐色的条状斑纹；花柱分枝的中肋上略带淡蓝色。

734

黄菖蒲
黄鸢尾
Iris pseudacorus
鸢尾属

多年生草本。根茎短粗。叶剑形，中脉明显。花茎粗壮；花黄色，径 10~11 cm；外轮花被裂片卵圆形或倒卵形，爪部狭楔形，内轮花被裂片小，直立；花柱分枝淡黄色，顶端裂片半圆形。花期 5~6 月。喜生于湿地，各地栽培观赏。

735

鸢尾
Iris tectorum
鸢尾属

多年生草本。叶剑形。花葶有花 1~3 朵，蓝紫色，花被裂片倒卵形，外轮有斑纹及鸡冠状突起；花柱分枝 3，花瓣状。花期 4~6 月。
✿ 花如鸢飞蝶舞，轻盈婀娜，是我国传统名花。根状茎治关节炎等。

芭蕉科　Musaceae

草本。具根茎。叶螺旋状排列；叶鞘重叠成假茎。花单性或两性，两侧对称；数朵生于佛焰状苞内再聚成穗状花序；花被片 6，5 枚合生；发育雄蕊 5；子房下位，3 室。肉质浆果。

736

芭蕉
Musa basjoo
芭蕉属

多年生草本。假茎高 4~6 m。叶长椭圆形，长达 3 m。花序顶生，下垂，大苞片红褐色；上部为雄花，下部为雌花。浆果长三棱形。
✿ 我国传统植物，常植于庭园营造"雨打芭蕉"的意境，或植于盆角形成"蕉下听琴"的盆景。根、叶、花均可入药。

737

地涌金莲
Musella lasiocarpa
地涌金莲属

多年生丛生草本。假茎高 60 cm。叶长椭圆形，长 50 cm。花序顶生，密集如球穗状；苞片金黄色，有花 2 列。浆果三棱状卵形。
✿ 我国特有。花入药，有收敛止血的作用。

姜科　Zingiberaceae

草本，常具芳香。叶基生或茎上互生成 2 列。花两性，两侧对称，单生、穗状、总状或圆锥花序；花被 6；外轮萼管状；内轮瓣状，后方 1 枚大；雄蕊 3 或 5，内轮 1 枚发育，侧生 2 枚连合成唇瓣；外轮侧生 2 枚成瓣状或齿状或缺；子房下位。蒴果或浆果，种子具假种皮。

738

花叶艳山姜
花叶良姜
Alpinia zerumbet
var. variegata
山姜属

多年生常绿草本。叶革质，短圆状披针形，长 30~60 cm；叶面绿色并有黄色斑纹。圆锥花序下垂；苞片白色；花萼近钟形；花冠白色；唇瓣匙状宽卵形，皱波状，黄色而有紫红色条纹。蒴果球形，橙红色。花期 5~7 月。
✿ 花姿雅致，花香诱人，庭植观赏；种子有燥湿祛寒，健脾暖胃之效。

733

734

735

736

737

738

739

郁金
Curcuma aromatica
姜黄属

多年生草本。叶基生，矩圆形，尾尖。花葶自根茎抽出；穗状花序；
苞片淡绿或白粉色；花冠漏斗形，白粉红色；唇瓣黄色。花期4~6月。
✿ 根茎内部黄色，芳香，有凉血破瘀、行气解郁的功效。

740

黄姜花
Hedychium flavum
姜花属

多年生草本。叶2列，长圆状披针形。穗状花序顶生；花黄白色，
萼管被毛；花冠管裂片线形；侧生退化雄蕊长3 cm，倒披针形；唇
瓣倒心形，长4 cm，宽2.5 cm，中间有黄斑，顶端微凹。花期8~9月。
☞ 本种和姜花（*H. coronarium*）区别在于后者花白色，萼管无毛，
退化雄蕊长约5 cm，唇瓣长和宽约6 cm。均可提姜花浸膏；庭植观赏。

美人蕉科　Cannaceae

草本。具根茎。叶大，互生；有叶鞘无叶舌。顶生穗状、总状或狭圆锥花序；花大，两性，
不对称；萼片3，绿色；花瓣3，萼片状，基部合生成管状；退化雄蕊5，其中2~3枚成花瓣
状，其中较狭1枚常外弯成唇瓣，另1枚旋卷；子房下位，3室。蒴果，有小瘤体或柔刺。

741

大花美人蕉
Canna generalis
美人蕉属

多年草本。地上假茎无分枝。叶互生，椭圆形，长约40 cm。顶生
总状花序，花径达20 cm，红或黄色；花冠裂片3，披针形；外轮
退化雄蕊3，花瓣状。蒴果椭圆形，外被软刺。花期6~10月。
✿ 枝叶茂盛，花大色艳，颜色丰富，花期长，各地栽培观赏。

742

金脉美人蕉
Canna × generalis 'Striata'

为大花美人蕉的栽培变种，其叶面有乳黄或乳白色脉纹。

743

美人蕉
Canna indica
美人蕉属

多年生草本。叶互生，卵状长椭圆形。总状花序具蜡质白粉；退化
雄蕊5，花瓣状，红色，其中1枚反卷成唇瓣。蒴果具软刺。
✿ "叶满丛深殷似火"的美人蕉是我国传统名花。根茎入药，清热
利湿、舒经活络。

竹芋科　Marantaceae

草本。有块茎。叶具叶枕及叶鞘。花两性，不对称，总状或2歧状圆锥花序；萼片3；
花冠管裂片3；外轮1~2枚花瓣状，内轮1枚兜状；发育雄蕊1，花瓣状；子房下位。蒴果
或浆果。

744

花叶竹芋
孔雀竹芋、双色竹芋

Maranta bicolor
竹芋属

多年生草本。叶基生，长椭圆形至卵形，边缘波状；叶面粉绿，中
脉两侧有暗褐色斑块，背面粉绿或淡紫色。总状花序；花冠白色；
退化雄蕊花瓣状，白色而有青紫色的斑点和线条。
✿ 叶片的色泽和花纹变化多，是极其美丽的观叶植物。

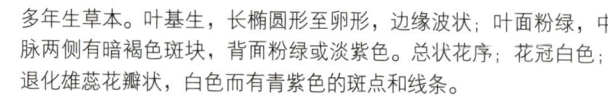

739

740

741

742

743

744

745

再力花
水竹芋
Thalia dealbata
再力花属

多年生挺水草本。具根状茎；全株有白粉。叶基生，卵状披针形，浅灰蓝色，边缘紫色，长约 50 cm。复穗状花序，花小，紫堇色。
🌸 植株高大美观，叶色翠绿，花序亭亭玉立，花朵素雅别致，有"水上天堂鸟"的美誉，用于水景绿化。

兰科 Orchidaceae

多年生草本。具根茎、块茎或假鳞茎。单叶互生。花单生或成穗状、总状等花序；花两性，两侧对称；花被片 6，2 轮，花瓣状；内轮中央 1 枚特化成唇瓣；合蕊柱；子房下位。蒴果。

746

白及
Bletilla striata
白及属

假鳞茎扁球形。叶基生，狭矩圆形或披针形，长 8~29 cm。总状花序具花 3~8 朵；花紫色或淡红色，萼片和花瓣近等长；唇瓣具紫脉和褶片，3 裂，中裂片边缘有波状齿，顶端凹缺。花期 4-5 月。
🌸 假鳞茎入药，能止血补肺、生肌止痛、润筋行气。

747

大花蕙兰
Cymbidium hybrid
兰属

多年生常绿草本。假鳞茎粗壮。叶 2 列，长披针形。总状花序；花径 4~10 cm；花色丰富；花被片 6，外轮萼片花瓣状；内轮为花瓣。
🌸 叶长碧绿，花姿粗犷，既有国兰的幽香典雅，又有洋兰的丰富多彩，是著名的年宵花。

748

黄婵兰
Cymbidium iridioides
兰属

多年生常绿草本。假鳞茎粗壮。叶丛生，带形。花葶近直立或水平伸展；总状花序；花径达 8 cm，有香气；萼片和花瓣狭倒卵状长圆形，等宽，黄绿色带红褐色条纹，唇瓣近椭圆形，波状，淡黄色，具红褐色斑纹，侧裂具缘毛，其余部分毛散生。花期 8-12 月。

749

春剑
Cymbidium tortisepalum
var. longibracteatum
兰属

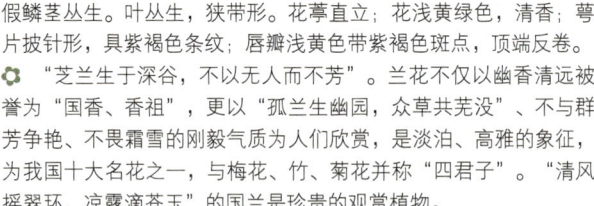

假鳞茎丛生。叶丛生，狭带形。花葶直立；花浅黄绿色，清香；萼片披针形，具紫褐色条纹；唇瓣浅黄色带紫褐色斑点，顶端反卷。
🌸 "芝兰生于深谷，不以无人而不芳"。兰花不仅以幽香清远被誉为"国香、香祖"，更以"孤兰生幽园，众草共芜没"、不与群芳争艳、不畏霜雪的刚毅气质为人们欣赏，是淡泊、高雅的象征，为我国十大名花之一，与梅花、竹、菊花并称"四君子"。"清风摇翠环，凉露滴苍玉"的国兰是珍贵的观赏植物。

750

绶草
Spiranthes sinensis
绶草属

小草本。高 5~15 cm。叶宽线形或宽线状披针形，长 3~10 cm。总状花序，花苞片卵状披针形；花小，紫红、粉红或白色。花期 7-8 月。
🌸 花螺旋状排列如盘龙而得名"盘龙参"，国家 II 级保护植物。

745

746

747

748

749

750

附录1 植物形态术语图示

一、叶的形态

（一）叶的组成

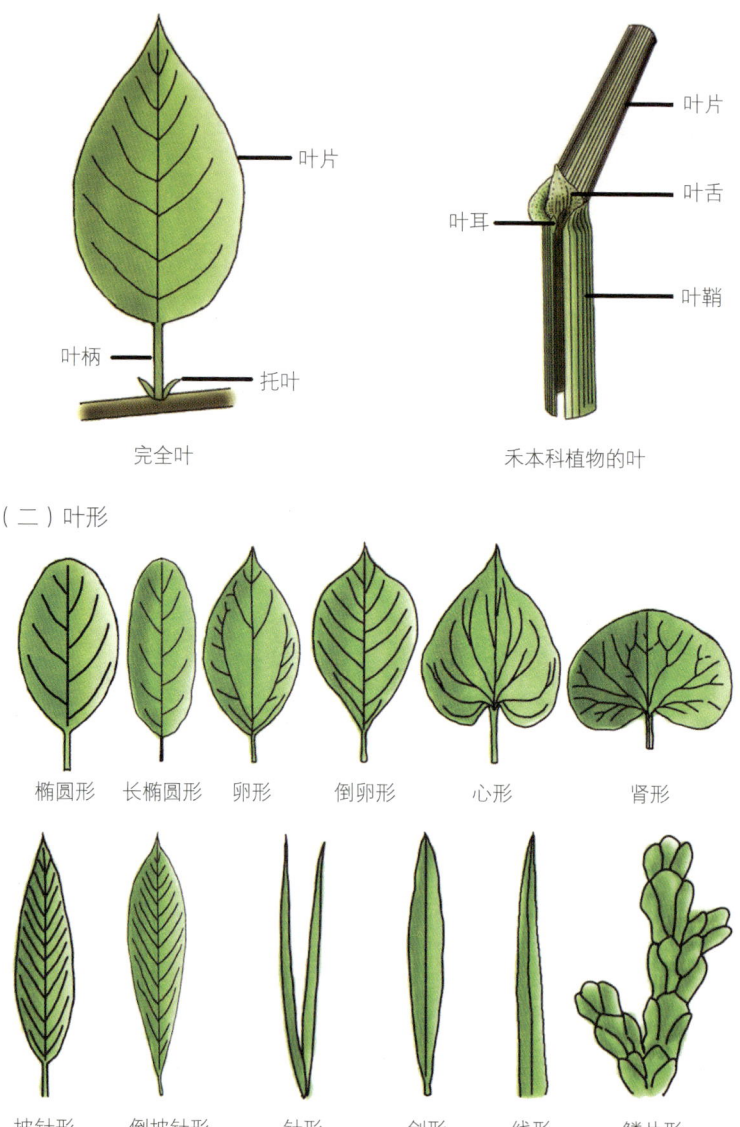

完全叶

禾本科植物的叶

（二）叶形

椭圆形　长椭圆形　卵形　倒卵形　心形　肾形

披针形　倒披针形　针形　剑形　线形　鳞片形

（三）叶尖

渐形　　急尖　　尾尖　　钝形　　微凹　　倒心形

（四）叶基

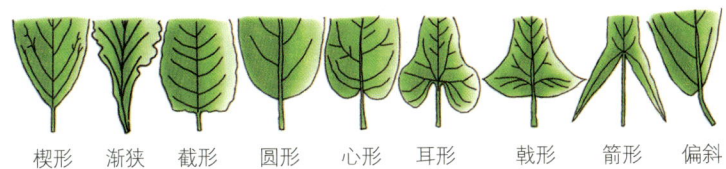

楔形　渐狭　截形　圆形　心形　耳形　戟形　箭形　偏斜

（五）叶缘

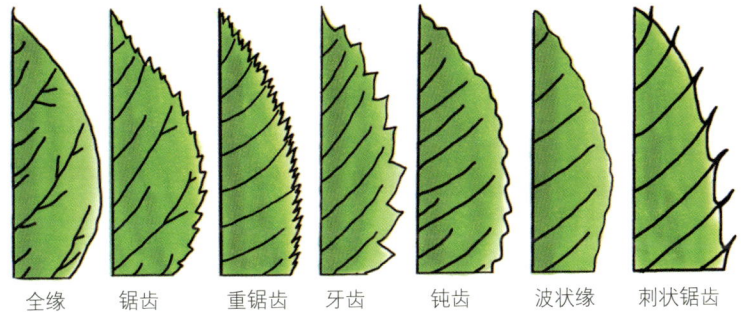

全缘　　锯齿　　重锯齿　　牙齿　　钝齿　　波状缘　　刺状锯齿

（六）叶裂

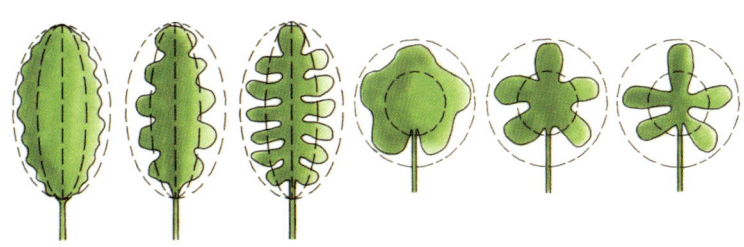

羽状浅裂　　羽状深裂　　羽状全裂　　掌状浅裂　　掌状深裂　　掌状全裂

（七）复叶

奇数羽状　偶数羽状　二回偶数　三回偶数　三出羽状　三出掌状　单身复叶
　复叶　　　复叶　　　羽状复叶　羽状复叶　复叶　　　复叶

（八）叶序

互生　　　对生　　　轮生　　　基生　　　簇生

二、花

（一）花的结构及子房位置

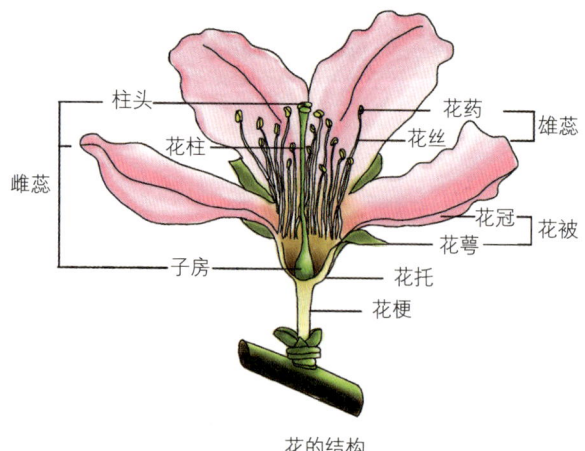

花的结构

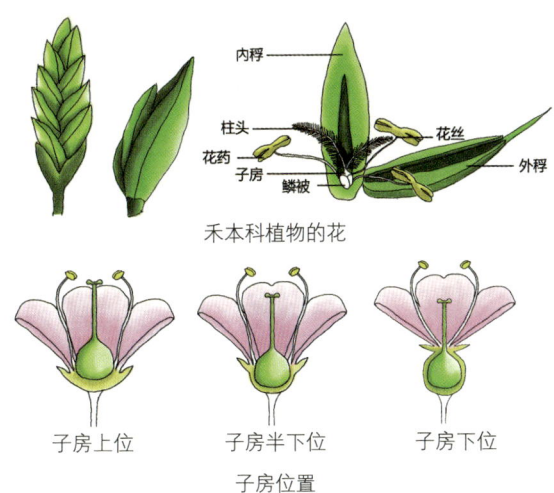

禾本科植物的花

子房上位　　子房半下位　　子房下位

子房位置

（二）花冠类型

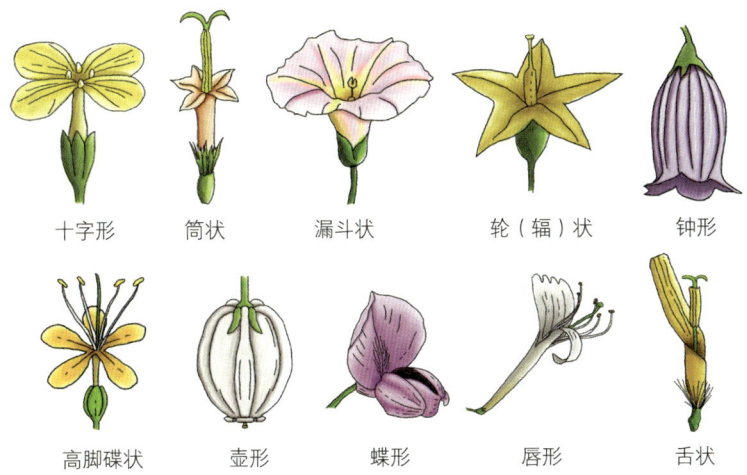

十字形　　筒状　　漏斗状　　轮（辐）状　　钟形

高脚碟状　　壶形　　蝶形　　唇形　　舌状

（三）雄蕊类型

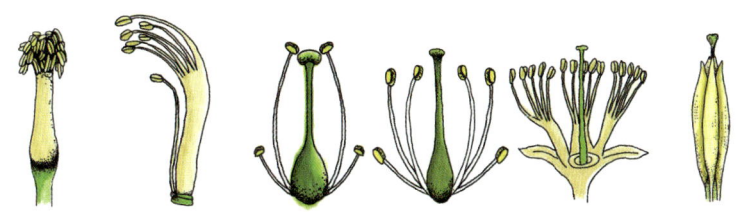

单体雄蕊　　二体雄蕊　　二强雄蕊　　四强雄蕊　　多体雄蕊　　聚药雄蕊

（四）花序类型

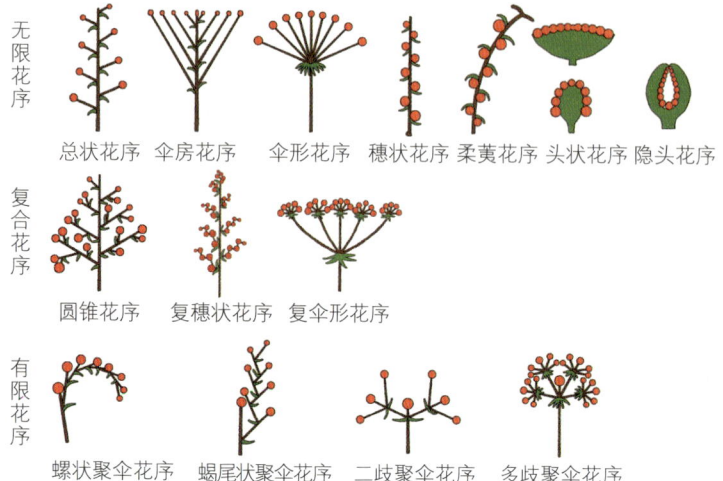

无限花序　总状花序　伞房花序　伞形花序　穗状花序　柔荑花序　头状花序　隐头花序

复合花序　圆锥花序　复穗状花序　复伞形花序

有限花序　螺状聚伞花序　蝎尾状聚伞花序　二歧聚伞花序　多歧聚伞花序

三、果

浆果　核果　梨果　荚果　蓇葖果　蒴果

长角果　瘦果　翅果　坚果　聚合果　聚花果　柑果

1. 胚珠裸露，不包于子房内；种子裸露，不包于果实内（裸子植物 Gymnospermae）
  2. 叶羽状深裂，集生于常不分枝的树干顶部或块状茎上 ·················· 苏铁科 Cycadaceae
  2. 叶不为羽状深裂，树干多分枝。
    3. 叶扇形，具 2 叉状细脉，叶柄长 ·· 银杏科 Ginkgoaceae
    3. 叶不为扇形，无柄或有短柄。
      4. 雌球花发育成球果；种子无肉质假种皮。
        5. 雌雄异株稀同株；雄蕊具 4~20 个悬垂花药，苞鳞腹面仅 I 粒种子··········
                  ·······························南洋杉科 Araucafiaceae
        5. 雌雄同株稀异株；雄蕊具 2~9 个背腹面排列的花药，种鳞腹面有 1 至多粒种子。
          6. 球果的种鳞与苞鳞离生，每种鳞具 2 粒种子 ····················· 松科 Pinaceae
          6. 球果的种鳞与苞鳞半合生或完全合生；每种鳞具 1 至多粒种子。
            7. 种鳞与叶均螺旋状排列，稀交互对生，每种鳞有 2~9 粒种子 ···· 杉科 Taxodiaceae
            7. 种鳞与叶均为交互对生或轮生，每种鳞有 1 至多粒种子 ······· 柏科 Cupressaceae
      4. 雌球花不发育为球果；种子有肉质假种皮。
        8. 雄蕊具花药 2；胚珠倒生或半倒生·····························罗汉松科 Podocarpaceae
        8. 雄蕊具花药 3~8；胚珠直生 ··································· 红豆杉科 Taxaceae
1. 胚珠包被于子房内；种子包被于子房内（被子植物 Angiospermae）
  9. 种子常具子叶 2；茎主中央髓；多年生植物有年轮生长；网状叶脉；花常 5 或 4 基数
  （双子叶植物 Dicotyledoneae）。（次 9 项见第 289 页）
    10. 花无真正的花冠；有或无花萼，有时且可类似花冠。（次 10 项见第 280 页）
      11. 花单性，雌雄同株或异株，雄花或雌、雄花均可成葇荑花序或类似葇荑状花序。
        12. 无花萼，或在雄花中存在。
          13. 果实为具多数种子的蒴果；种子有丝状毛茸；无花被 ············· 杨柳科 Salicaceae
          13. 果实为仅具 1 种子的小坚果；雄花有被················· 胡桃科 Juglandaceae
        12. 有花萼，或在雄花中不存在。
          14. 子房下位。
            15. 叶对生，叶柄基部互相连合 ······························金粟兰科 Chloranthaceae
            15. 叶互生。
              16. 叶为羽状复叶；核果或坚果 ·················· 胡桃科 Juglandaceae
              16. 叶为单叶；蒴果 ······························· 金缕梅科 Hamamelidaceae
          14. 子房上位。
            17. 植物体中具白色乳汁。
              18. 子房 1 室；椹果 ······································ 桑科 Moraceae
              18. 子房 2~3 室；蒴果 ·····························大戟科 Euphorbiaceae
            17. 植物体中无乳汁。
              19. 子房为单心皮所成；雄蕊的花丝在花蕾中向内曲 ··········· 荨麻科 Urticaceae
              19. 子房为 2 枚以上的连合心皮所组成；雄蕊的花丝在花蕾中常直立。

20. 果实常为 3 个离果所成的蒴果；雄蕊 10 至多数 ······ 大戟科 Euphorbiaceae
20. 果实为其它情形；雄蕊少数至数个，或和花萼裂片同数且对生。
  21. 雌雄同株的乔木或灌木。
    22. 子房 2 室；蒴果 ······················金缕梅科 Hamamelidaceae
    22. 子房 1 室；坚果或核果 ····························榆科 Ulmaceae
  21. 雌雄异株的植物。
    23. 草本或草质藤木；叶为掌状分裂或为掌叶 ···········桑科 Moraceae
    23. 乔木或灌木；叶全缘，或为 3 小叶复叶 ········· 大戟科 Euphorbiaceae
11. 花两性或单性，但并不成为葇荑花序。
 24. 子房或子房室内有数个至多数胚珠。
  25. 子房下位或部分下位。
   26. 花单性，雌雄同株或异株，如为两性花则成肉质穗状花序；肉质草本；聚伞
     花序；子房 1 室 ····························秋海棠科 Begoniaceae
   26. 花两性，但不成肉质穗状花序。
    27. 子房 1 室。
     28. 无花被；雄蕊着生在子房上·············· 三白草科 Saururaceae
     28. 有花被；雄蕊着生在花被上。
      29. 茎肥厚，绿色，具棘针；叶常退化；花被片和雄蕊都多数；浆果·········
       ···仙人掌科 Cactaceae
      29. 茎和叶不成上述形状；花被片和雄蕊皆为五出或四出数，或雄蕊数为
       前者的 2 倍；蒴果··························虎耳草科 Saxifragaceae
    27. 子房 4 室或更多室····················马兜铃科 Aristolochiaceae
  25. 子房上位。
   30. 雌蕊或子房 2 个，或更多数。
    31. 花托多少隆起，无花盘；雄蕊向心发育；心皮 1 至多数·············
     ··· 毛茛科 Ranunculaceae
    31. 花托凹陷，有花盘；雄蕊离心发育；心皮 2~5 ·········· 芍药科 Paeoniaceae
   30. 雌蕊或子房单独 1 个。
    32. 雄蕊周位，即着生于萼筒或杯状花托上。
     33. 偶数羽状复叶，互生；花萼裂片覆瓦状排列；荚果·············
      ································· 苏木科 Caesalpiniaceae
     33. 单叶常对生；花萼裂片镶合状排列；非荚果·········千屈菜科 Lythraceae
    32. 雄蕊下位，即着生于扁平或凸起的花托上。
     34. 木本；单叶互生；蒴果或浆果 ············ 大风子科 Flacourtiaceae
     34. 草本或亚灌木；复叶或多少分裂；蓇葖果或瘦果 ·········
      ··· 毛茛科 Ranunculaceae
      35. 侧膜胎座。
       36. 花无花被···················· 三白草科 Saururaceae
       36. 花具 4 离生萼片···················· 十字花科 Cruciferae
      35. 特立中央胎座。

37. 穗状、头状或圆锥花序；萼片多少为干膜质 ····· 苋科 Amaranthaceae
37. 聚伞花序；萼片草质 ································· 石竹科 Caryophytlaceae
24. 子房或其子房室内仅有 1 至数个胚珠。
38. 叶片中常有透明微点。
39. 叶为羽状复叶 ·· 芸香科 Rutaceae
39. 叶为单叶，全缘或有锯齿。
40. 子房下位，1 室有 1 胚珠；叶对生；叶柄在基部连合 ······金粟兰科 Chloranthaceae
40. 子房上位，每心皮各有 2~4 胚珠；叶若对生时叶柄也不连合 ·····················
·· 三白草科 Saururaceae
38. 叶片中无透明微点。
41. 雄蕊连为单体，至少在雄花中有这现象，花丝互相连合成筒状或成一中柱。
42. 草本植物；花两性。
43. 叶互生 ···································· 藜科 Chenopodiaceae
43. 叶对生。
44. 花显著，有连成花萼状的总苞 ··············· 紫茉莉科 Nyctaginaceae
44. 花微小，无上述情形的总苞 ··················· 苋科 Amaranthaceae
42. 乔木或灌木，稀可为草本；花单性或杂性；叶互生 ·····················
·· 大戟科 Euphorbiaceae
41. 雄蕊各自分离，有时仅为 1 个，或花丝成为分枝的簇丛 (如大戟科的蓖麻属
Ricinus)。
45. 每花有雌蕊 2 至多数，离生；或花的界限不明显时，则雌蕊多数，成球形头状花序。
46. 花托下陷，呈杯状或坛状。
47. 灌木；叶对生；花被片在坛状花托的外侧排列成数层 ·····················
·· 蜡梅科 Calycanthaceae
47. 草本或灌木；叶互生；花被片在杯或坛状花托边缘排列成一轮 ·····················
·· 蔷薇科 Rosaceae
46. 花托扁平或隆起，有时可延长。
48. 乔木、灌木或木质藤本。
49. 花有花被；花两性 ··················· 木兰科 Magnoliaceae
49. 花无花被，花单性同株 ··············· 悬铃木科 Platanaceae
48. 草木或稀为亚灌木；有时攀援性。
50. 胚珠倒生或直生。
51. 复叶或多少分裂；托叶无或极小；有花萼；花单生或为各种花序·········
·· 毛茛科 Ranunculaceae
51. 单叶全缘；有托叶；无花被；花成穗形总状花序 ·····················
·· 三白草科 Sauruaceae
50. 胚珠常弯生，全缘单叶互生 ··············· 商陆科 Phytolaccaceae
45. 每花仅有 1 个复合或单雌蕊，心皮有时于成熟后各自分离。
52. 子房下位或半下位。
53. 草本。
54. 水生或小形沼泽植物 ···················小二仙草科 Haloragidaceae

　　　　54. 陆生植物 ·· 金粟兰科 Chloranthaceae
　　53. 灌木或乔木。
　　　　55. 子房 3~10 室；花杂性，形成球形的头状花序 ············· 蓝果树科 Nyssacea
　　　　55. 子房 1 或 2 室。
　　　　　56. 花柱 2。
　　　　　　57. 蒴果，2 瓣裂开 ······························· 金缕梅科 Hamamelidaceae
　　　　　　57. 果实呈核果状，或为蒴果状的瘦果，不裂开 ········ 鼠李科 Rhamnaceae
　　　　　56. 花柱 1 或无花柱。
　　　　　　58. 叶片下面多少有些具皮屑状或鳞片状的附属物 ······························
　　　　　　　··· 胡颓子科 Elaeagnaceae
　　　　　　58. 叶片下面无皮屑状或鳞片状的附属物。
　　　　　　　59. 叶缘有锯齿或圆锯齿。
　　　　　　　　60. 叶对生，具羽状脉；雄花裸露，有雄蕊 1~3 ·····························
　　　　　　　　　··· 金粟兰科 Chloranthaceae
　　　　　　　　60. 叶互生，常具三出脉；雄花具花被及雄蕊 4(稀 3 或 5) ············
　　　　　　　　　··· 荨麻科 Urticaceae
　　　　　　　59. 叶全缘，互生或对生；常寄生 ··················· 桑寄生科 Loranthaceae
52. 子房上位，如有花萼时，和它相分离，或在紫茉莉科及胡颓子科中果实成熟时，子房
　　为宿存萼筒所包围。
　61. 托叶鞘围抱茎的各节；草本，稀可为灌木 ··················· 蓼科 Polygonaceae
　61. 无托叶鞘，在悬铃木科有托叶鞘但易脱落。
　　62. 草本，或有时在藜科及紫茉莉科中为亚灌木。
　　　63. 无花被 ·· 大戟科 Euphorbiaceae
　　　63. 有花被，当花为单性时，特别是雄花是如此。
　　　　64. 花萼呈花瓣状，且呈管状；胚珠 1。
　　　　　65. 花有总苞，有时总苞类似花萼 ····················· 紫茉莉科 Nyctaginaceae
　　　　　65. 花无总苞 ·· 瑞香科 Thymelaeaceae
　　　　64. 花萼非如上述情形。
　　　　　66. 雄蕊周位，即位于花被上片 ··················· 石竹科 Caryophyllaceae
　　　　　66. 雄蕊下位，即位于子房下。
　　　　　　67. 花柱或其分枝为 2 或数个，内侧常为柱头面。
　　　　　　　68. 子房常为数个至多数心皮连合而成 ············· 商陆科 Phytolaccaceae
　　　　　　　68. 子房常为 2 或 3（或 5）心皮连合而成。
　　　　　　　　69. 子房 3 室，稀可 2 或 4 室 ··················· 大戟科 Euphorbiaceae
　　　　　　　　69. 子房 1 或 2 室。
　　　　　　　　　70. 叶为掌状复叶或具掌状脉而有宿存托叶 ············· 桑科 Moraceae
　　　　　　　　　70. 叶具羽状脉，或稀为掌状脉而无托叶，也可在藜科中叶退化成鳞
　　　　　　　　　　片或为肉质而形如圆筒。
　　　　　　　　　　71. 花有草质而带绿或灰绿色的花被及苞片 ········ 藜科 Chenopodiaceae
　　　　　　　　　　71. 花有干膜质而常有色泽的花被及苞片 ··········· 苋科 Amaranthaceae

67. 花柱 1 个，常顶端有柱头，也可无花柱。

　　72. 沉水植物；叶细裂成丝状 ······························ 金鱼藻科 Ceratophyllaceae

　　72. 陆生植物；叶为其它情形 ······································ 荨麻科 Urticaceae

62. 木本植物或亚灌木。

　　73. 耐寒旱性灌木；叶小、细长或鳞片状，或 (藜科) 为肉质而成圆筒形或半圆筒形。

　　74. 花无膜质苞片；雄蕊下位；叶互生或对生；无托叶 ················ 藜科 Chenopodiaceae

　　74. 花有膜质苞片；雄蕊周位；叶对生；有托叶 ··············· 石竹科 Caryophyllaceae

　　73. 不是上述的植物；叶片矩圆形或披针形，或宽广至圆形。

　　75. 果实及子房均为 2 至数室，或在大风子科中为不完全的 2 至数室。

　　76. 花常为两性。

　　77. 萼片 4 或 5，稀 3，覆瓦状排列；雄蕊多数，浆果状核果 ···· 大戟科 Euphorbiaceae

　　77. 萼片 5，镊合状排列；核果或坚果 ······················· 鼠李科 Rhamnaceae

　　76. 花单性 (雌雄同株或异株) 或杂性。

　　78. 果实各种；种子无胚乳或有少量胚乳。

　　79. 雄蕊常 8；果实坚果状或为有翅的蒴果；羽状复叶或单叶 ·····························

　　··· 无患子科 Sapindaceae

　　79. 雄蕊 5 或 4，且和萼片互生；核果有 2~4 个小核；单叶 ··· 鼠李科 Rhamnaceae

　　78. 果实多呈蒴果状，无翅；种子常有胚乳。

　　80. 果实为 2 室蒴果，有木质或革质外种皮及角质内果皮 ·····························

　　·· 金缕梅科 Hamamelidaceae

　　80. 果实为蒴果时，也不象上述情形。

　　81. 胚珠具腹脊；果实有各种类型，但多为胞间裂开的蒴果 ·····························

　　·· 大戟科 Euphorbiaceae

　　81. 胚珠具背脊；果实为胞背裂开的蒴果，或呈核果状 ········· 黄杨科 Buxaceae

　　75. 果实及子房均为 1 或 2 室。

　　82. 花萼具显著的萼筒，且常呈花瓣状。

　　83. 叶无毛或下面有柔毛；萼筒整个脱落 ······················· 瑞香科 Thymelaeaceae

　　83. 叶下具银白色或棕色鳞片；萼筒宿存，后成肉质紧包子房 ·····························

　　·· 胡颓子科 Elaeagnaceae

　　82. 花萼不是象上述情形，或无花被。

　　84. 花药以 2 或 4 舌瓣裂开 ······································· 樟科 Lauraceae

　　84. 花药不以舌瓣裂开。

　　85. 叶对生。

　　86. 果实为有双翅或呈圆形的翅果 ······················· 槭树科 Aceraceae

　　86. 果实为有单翅而呈细长形兼矩圆形的翅果 ·················· 木犀科 Oleaceae

　　85. 叶互生。

　　87. 叶为羽状复叶；花两性或杂性 ······················· 无患子科 Sapindaceae

　　87. 叶为单叶。

　　88. 花均无花被。

　　89. 叶宽广，具掌状脉及掌状分裂，叶缘具缺刻或大锯齿；有托叶，具鞘，易脱落；雌雄同株，雌、雄花分别成球形头状花序；心皮 1；小坚果

　　　　　　为倒圆锥形而有棱角，无翅无梗，有毛 ············ 悬铃木科 Platanaceae
　　89. 叶椭圆至卵形，具羽状脉及锯齿；无托叶；雌雄异株，雄花疏松簇生，
　　　　　雌花单生于苞片腋内；心皮 2；坚果扁平，具翅和柄，无毛 ·············
　　　　　···杜仲科 Eucommiaceae
　　88. 花常有花萼，尤其在雄花。
　　　90. 植物体内有乳汁 ···桑科 Moraceae
　　　90. 植物体内无乳汁。
　　　　91. 花柱或其分枝 2 或数个。
　　　　　92. 雌雄异株或同株；叶全缘或具波状齿 ········· 大戟科 Euphorbiaceae
　　　　　92. 花两性或单性；叶缘多有锯齿或具齿裂，稀可全缘。
　　　　　　93. 雄蕊多数 ······························· 大风子科 Flacourtiaceae
　　　　　　93. 雄蕊 10 个或较少。
　　　　　　　94. 子房 2 室，每室有 1 至数个胚珠；木质蒴果 ·················
　　　　　　　··金缕梅科 Hamamelidaceae
　　　　　　　94. 子房 1 室，仅含 1 胚珠；果实不是木质蒴果 ·················
　　　　　　　···榆科 Ulmaceae
　　　　91. 花柱 1 个，也可有时 (如荨麻属) 不存在，而柱头呈画笔状。
　　　　　95. 叶缘有锯齿；子房为 1 心皮而成。
　　　　　　96. 花两性 ······························· 山龙眼科 Proteaceae
　　　　　　96. 雌雄异株或同株；花生于老枝上；雄蕊和萼片同数 ·············
　　　　　　···荨麻科 Urticaceae
　　　　　95. 叶全缘或有锯齿；子房为 2 个以上连合心皮所成 ·················
　　　　　···大风子科 Flacourtiaceae
10. 花具花萼也具花冠，或有两层以上的花被片，有时花冠可为蜜腺叶所代替。
　97. 花冠常为离生的花瓣所组成。(次 97 项见 286 页)
　　98. 成熟雄蕊 (或单体雄蕊的花药) 多在 10 以上，通常多数，或其数超过花瓣的 2 倍。
　　99. 花萼和 1 个或更多的雌蕊多少有些互相愈合，即子房下位或半下位。
　　　100. 水生草本植物；子房多室 ························· 睡莲科 Nymphaeaceae
　　　100. 陆生植物；子房 1 至数室，也可心皮为 1 至数个。
　　　　101. 植物体具肥厚的肉质茎，多有刺，常无真正叶片 ········· 仙人掌科 Cactaceae
　　　　101. 植物体为普通形态，不呈仙人掌状，有真正的叶片。
　　　　　102. 草本植物或稀可为亚灌木。
　　　　　　103. 花单性；雌雄同株 ························· 秋海棠科 Begoniaceae
　　　　　　103. 花常两性。
　　　　　　　104. 叶基生或茎生，心形，非肉质；花为三出数 ·················
　　　　　　　···马兜铃科 Aristolochiaceae
　　　　　　　104. 叶茎生，非心形，肉质；花非三出数 ············ 马齿苋科 Portulacaceae
　　　　　102. 乔木或灌木，有时以气生小根而攀援。
　　　　　　105. 叶通常对生，或在石榴科的石榴属 *Punico* 中有时可互生。
　　　　　　　106. 常有锯齿或全缘；花序常有不孕边缘花 ········· 虎耳草科 Saxifragaceae
　　　　　　　106. 叶全缘；花序无不孕花。

107. 叶为脱落性；花萼呈朱红色 ·························· 石榴科 Punicaceae

107. 叶为常绿性；花萼不呈朱红色 ·················· 桃金娘科 Myrtaceae

105. 叶互生

108. 花瓣细长形兼长方形，后外翻；无托叶；核果····八角枫科 Alangiaceae

108. 花瓣不成细长形，不外翻；有托叶；假果 ··········· 蔷薇科 Rosaceae

99. 花萼和 1 个或更多的雌蕊互相分离，即子房上位。

109. 花为周位花。

110. 单叶常对生，全缘；花瓣常于蕾中呈皱折状 ·····················千屈菜科 Lythraceae

110. 叶互生，单叶或复叶；花瓣不呈皱折状

111. 花瓣镊合状排列；荚果；叶多为二回羽状复叶；有时叶片退化，而叶柄发育为

叶状柄；心皮 1·······························含羞草科 Mimosaceae

111. 花瓣覆瓦状排列；核果、蓇葖果或瘦果；叶为单叶或复叶；心皮 1 至多数

······························ 蔷薇科 Rosaceae

109. 花为下位花，或至少在果实时花托扁平或隆起。

112. 雌蕊少数至多数，互相分离或微有连合。

113. 水生植物。

114. 叶片呈盾状，全缘························· 睡莲科 Nymphaeaceae

114. 叶片不呈盾状，多少有些分裂或为复叶 ······· 毛茛科 Ranunculaceae

113. 陆生植物。

115. 茎为攀援性 ····························· 毛茛科 Ranunculaceae

115. 茎直立，不为攀援性。

116. 雄蕊的花丝连成单体 ···················· 锦葵科 Malvaceae

116. 雄蕊的花丝互相分离。

117. 木本植物；叶片全缘或缘有锯齿，稀有分裂者········· 木兰科 Magnoliaceae

117. 草本植物，稀可为亚灌木；叶片多少有些分裂或为复叶。

118. 叶无托叶，种子有胚乳 ····················· 毛茛科 Ranunculaceae

118. 叶多有托叶，种子无胚乳···················· 蔷薇科 Rosaceae

112. 雌蕊 1，但花柱或柱头为 1 至多数。

119. 叶片中具透明微点。

120. 叶互生，羽状复叶或退化为仅有 1 顶生小叶·········芸香科 Rutaceae

120. 叶对生，单叶 ·························· 藤黄科 Guttiferae

119. 叶片中无透明微点。

121. 子房单纯，具 1 子房室。

122. 乔木或灌木；花瓣呈镊合状排列；荚果·················含羞草科 Mimosaceae

122. 草本植物；花瓣呈覆瓦状排列；果实不是荚果。

123. 花为五出数；蓇葖果 ······················ 毛茛科 Ranunculaceae

123. 花为三出数；浆果 ························小檗科 Berberidaceae

121. 子房为复合性。

124. 子房 1 室，或在马齿苋科的土人参属 *Talinum* 中子房基部为 3 室。

125. 特立中央胎座；草本 ························马齿苋科 Portulacaceae

125. 侧膜胎座。

126. 木本，子房柄不存在或极短；蒴果或浆果 ⋯⋯⋯⋯ 大风子科 Flacourtiaceae
126. 草本，如为木本时，则具有显著的子房柄；浆果或核果。
　127. 植物体内含乳汁；萼片 2~3；蒴果 ⋯⋯⋯⋯⋯⋯⋯⋯ 罂粟科 Papaveraceae
　127. 植物体内不含乳汁；萼片 4~8；长角果 ⋯⋯⋯ 白花菜科 Capparidaceae
124. 子房 2 室至多室，或为不完全的 2 至多室。
　128. 萼片在蕾内呈镊合状排列。
　129. 雄蕊互相分离或连成数束；花药顶端 2 孔裂 ⋯⋯杜英科 Elaeocarpaceae
　129. 雄蕊连为单体，至少内层者如此，并且多少有些连成管状。
　　130. 花药 2 室；无副萼；叶为单叶或掌状分裂 ⋯⋯⋯ 梧桐科 Sterculiaceae
　　130. 花药 1 室；有副萼；叶为各种情形 ⋯⋯⋯⋯⋯⋯ 锦葵科 Malvaceae
　128. 萼片在蕾内呈覆瓦状或旋转状排列。
　131. 雌雄同株稀异株；蒴果，由 2~4 个裂为 2 瓣离果所成 ⋯⋯⋯⋯⋯⋯
　　⋯⋯⋯⋯⋯⋯⋯⋯⋯⋯⋯⋯⋯⋯⋯⋯⋯⋯⋯⋯ 大戟科 Euphorbiaceae
　131. 花常两性；果实为其它情形。
　132. 草本或木本植物；花为四出数，或其萼片多为 2 片且早落。
　　133. 植物体含乳汁；无或有极短子房柄；种子有丰富胚乳 ⋯⋯⋯⋯
　　⋯⋯⋯⋯⋯⋯⋯⋯⋯⋯⋯⋯⋯⋯⋯⋯⋯⋯ 罂粟科 Papaveraceae
　　133. 植物体不含乳汁；有子房柄；种子无或有少量胚乳 ⋯⋯⋯⋯⋯
　　⋯⋯⋯⋯⋯⋯⋯⋯⋯⋯⋯⋯⋯⋯⋯⋯ 白花菜科 Capparidaceae
　132. 木本植物；花常为五出数，萼片宿存或脱落 ⋯⋯⋯ 山茶科 Theaceae
98. 成熟雄蕊 10 或较少，如多于 10 个时，其数并不超过花瓣的 2 倍。
134. 成熟雄蕊和花瓣同数，且和它对生。
　135. 子房 2 至数室。
　136. 花萼裂齿不明显或微小；以卷须缠绕他物的灌木或草本 ⋯⋯⋯葡萄科 Vitaceae
　136. 花萼具 4~5 裂片；乔木、灌木或草本植物，有时虽也可为缠绕性，但无卷须。
　　137. 雄蕊连成单体 ⋯⋯⋯⋯⋯⋯⋯⋯⋯⋯⋯⋯⋯⋯ 梧桐科 Sterculiaceae
　　137. 雄蕊互相分离，或稀可在其下部连成一管 ⋯⋯⋯⋯⋯ 鼠李科 Rhamnaceae
　135. 子房 1 室（在马齿苋科的土人参属 Talinum 中则子房的下部多少有些成为 3 室）。
　138. 子房下位或半下位 ⋯⋯⋯⋯⋯⋯⋯⋯⋯⋯⋯⋯ 桑寄生科 Loranthaceae
　138. 子房上位。
　　139. 花药以舌瓣裂开 ⋯⋯⋯⋯⋯⋯⋯⋯⋯⋯⋯⋯⋯小檗科 Berberidaceae
　　139 花药不以舌瓣裂开。
　　140. 缠绕草本；胚珠 1 个；叶肥厚，肉质 ⋯⋯⋯⋯⋯⋯落葵科 Basellaceae
　　140. 直立草本，或有时为木本；胚珠 1 个至多数。
　　　141. 花瓣 6~9 片；雌蕊单纯 ⋯⋯⋯⋯⋯⋯⋯⋯⋯小檗科 Berberidaceae
　　　141. 花瓣 4~8 片；雌蕊复合 ⋯⋯⋯⋯⋯⋯⋯⋯⋯马齿苋科 Portulacaceae
134. 成熟雄蕊和花瓣不同数，如同数则雄蕊和它互生。
　142. 花萼或其筒部和子房多少有些相连合。
　143. 每子房室内含胚珠或种子 2 至多数。
　　144. 花药顶端孔裂；叶对生或轮生，常具离基脉 3~9 ⋯⋯ 野牡丹科 Melastomataceae
　　144. 花药纵长裂开。

145. 草本或亚灌木；有时为攀援性。

  146. 具卷须的攀援草本；花单性 ···葫芦科 Cucurbitaceae

  146. 无卷须的植物；花常两性。

    147. 萼片或萼裂片 2；植物体多少肉质而多水分 ·············马齿苋科 Portulacaceae

    147. 萼片或萼裂片 4~5；植物体常不为肉质。

      148. 萼裂片覆瓦或镊合状排列；花柱 2 或更多；具胚乳 ·········

      ···虎耳草科 Saxifragaceae

      148. 萼裂片镊合状排列；花柱 1；无胚乳 ·············柳叶菜科 Onagraceae

145. 乔木或灌木，有时为攀援性。

  149. 叶互生；花数朵至多数成头状花序 ·····················金缕梅科 Hamamelidaceae

  149. 叶常对生

    150. 胚珠多数，侧膜或中轴胎座；浆果或蒴果；叶缘有锯齿或为全缘，无托叶；

    种子含胚乳 ·····································虎耳草科 Saxifragaceae

    150. 胚珠 2~6，倒悬于子房室的顶端；叶全缘或少有锯齿；坚果、核果或翅果，

    内有种子 1 个；种子无胚乳 ·····················使君子科 C0mbretaceae

143. 每子房室内仅含胚珠或种子 1 个。

  151. 果实裂开为 2 个干燥的离果，并悬于一果梗上；花序常为伞形花序 (在变豆菜属 *Sanicula* 及鸭儿芹属 *Cryptotacnia* 中为不规则的花 ·····················伞形科 Umbelliferae

  151. 果实不裂开或裂开而不是上述情形的；花序可为各种型式。

    152. 草本植物。

      153. 花柱或柱头 2~4；具胚乳；坚果或核果，具棱角或翅 ·············

      ·····································小二仙草科 Haloragidaceae

      153. 花柱 1，具 1 头状或呈 2 裂的柱头；种子无胚乳。

        154. 陆生草本，叶对生；花为二出数；坚果具钩状刺毛 ·············

        ···柳叶菜科 Onagraceae

        154. 水生草本，叶片聚生而漂浮水面；花为四出数；坚果具 2~4 刺·····

        ···菱科 Trapaceae

    152. 木本植物。

      155. 果实干燥或为蒴果状 ·····························金缕梅科 Hamamelidaceae

      155. 果实核果状或浆果状。

        156. 叶互生或对生；花瓣镊合状排列；花序有各种型式，稀伞形或头状。

          157. 花瓣 3~5，卵形至披针形；花药短 ·················山茱萸科 Cornaceae

          157 花瓣 4~10，狭窄形并向外翻转；花药细长·············八角枫科 Alangiaceae

        156. 叶互生；花瓣呈覆瓦状或镊合状排列；花序常为伞形········五加科 Araliaceae

142. 花萼和子房相分离。

  158. 叶片中有透明微点。

    159. 花整齐，稀可两侧对称；果实不为荚果 ·····························芸香科 Rutaceae

    159. 花不整齐，蝶形花冠；果实为荚果·····························蝶形花科 Fabaceae

  158. 叶片中无透明微点。

    160. 雌蕊 2 或更多，互相分离或仅局部连合；也可子房分离而花柱连合成 1 个。

      161. 多水分的草本，具肉质的茎及叶·····························景天科 Crassulaceae

161. 植物体为其它情形。

162. 花为周位花。

163. 花部螺旋状排列，萼渐变为花瓣；雄蕊 5~6；雌蕊多数 ⋯⋯⋯⋯⋯⋯⋯⋯
⋯⋯⋯⋯⋯⋯⋯⋯⋯⋯⋯⋯⋯⋯⋯⋯⋯⋯⋯⋯蜡梅科 Calycanthaceae

163. 花各部轮状排列，萼片和花瓣甚有分化。

164. 雌蕊 2~4，各有多数胚珠；种子有胚乳；无托叶⋯⋯⋯虎耳草科 Saxifragaceae

164. 雌蕊 2 至多数，各有 1 至数个胚珠；无胚乳；有或无托叶⋯⋯⋯⋯⋯⋯
⋯⋯⋯⋯⋯⋯⋯⋯⋯⋯⋯⋯⋯⋯⋯⋯⋯⋯⋯蔷薇科 Rosaceae

162. 花为下位花，或在悬铃木科中微呈周位。

165. 草本或亚灌木。

166. 叶常互生或基生，多少有些分裂；花瓣脱落性，较萼片大，或于天葵属
Semiaquilegia 稍小于成花瓣状的萼片⋯⋯⋯⋯⋯⋯ 毛茛科 Ranunculaceae

166. 单叶对生或轮生，全缘；花瓣宿存性，较萼片小⋯⋯⋯⋯ 马桑科 Coriariaceae

165. 乔木；灌木或木本的攀援植物。

167. 叶为单叶。

168. 叶对生或轮生 ⋯⋯⋯⋯⋯⋯⋯⋯⋯⋯⋯⋯⋯⋯ 马桑科 Coriariaceae

168. 叶互生。

169. 叶为脱落性，具掌状脉；叶柄基部扩张以覆盖腋芽⋯⋯⋯⋯⋯⋯⋯
⋯⋯⋯⋯⋯⋯⋯⋯⋯⋯⋯⋯⋯⋯⋯⋯⋯悬铃木科 Platanaceae

169. 叶为常绿性或脱落性，具羽状脉⋯⋯⋯⋯⋯ 木兰科 Magnoliaceae

167. 叶为羽状复叶；互生；离果或翅果⋯⋯⋯⋯⋯⋯ 苦木科 Simaroubaceae

160. 雌蕊 1，或至少其子房为 1。

170. 雌蕊或子房确是单纯的，仅 1 室。

171. 果实浆果状核果⋯⋯⋯⋯⋯⋯⋯⋯⋯⋯⋯⋯⋯⋯⋯⋯⋯樟科 Lauraceae

171. 果实为蓇葖果或荚果。

172. 果实为蓇葖果⋯⋯⋯⋯⋯⋯蔷薇科 Rosaceae (绣线菊亚科 Spiraeoideae)

172. 果实为荚果⋯⋯⋯⋯⋯⋯⋯⋯⋯⋯⋯⋯⋯⋯蝶形花科 Fabaceae

170. 雌蕊或子房并非单纯者，有 1 个以上的子房室或花柱、柱头、胎座等部分。

173. 子房 1 室或因有 1 假隔膜的发育而成 2 室，有时下部 2~5 室，上部 1 室。

174. 花下位，花瓣 4，稀可更多。

175. 萼片 2 ⋯⋯⋯⋯⋯⋯⋯⋯⋯⋯⋯⋯⋯⋯⋯罂粟科 Papaveraceae

175. 萼片 4~8。

176. 子房柄常细长，呈线状 ⋯⋯⋯⋯⋯⋯ 白花菜科 Capparidaceae

176. 子房柄极短或不存在 ⋯⋯⋯⋯⋯⋯⋯⋯ 十字花科 Cruciferae

174. 花周位或下位，花瓣 3~5，稀 2 或更多。

177. 每子房室内仅有胚珠 1。

178. 乔木，或稀为灌木；叶常为羽状复叶 ⋯⋯⋯⋯漆树科 Anacardiaceae

178. 木本或草本；叶为单叶。

179. 乔木或灌木；叶常互生，无膜质托叶⋯⋯⋯⋯樟科 Lauraceae

179. 草本或亚灌木；叶互生或对生，具膜质托叶⋯⋯⋯⋯ 蓼科 Polygonaceae

177. 每子房室内有胚珠 2 至多数。

180. 乔木、灌木或木质藤本。

  181. 花瓣及雄蕊均着生于花萼上 ·················千屈菜科 Lythraceae

  181. 花瓣及雄蕊均着生于花托上；花瓣具瓣爪 ············· 海桐科 Pittosporaceae

180. 草本或亚灌木。

  182. 胎座位于子房室的中央或基底。

    183. 花瓣着生于花萼的喉部··················千屈菜科 Lythraceae

    183. 花瓣着生于花托上。

     184. 萼片 2；叶互生，稀可对生 ·····························马齿苋科 Portulacaceae

     184. 萼片 5 或 4；叶对生 ························ 石竹科 Caryophyllaceae

  182. 胎座为侧膜胎座。

    185. 花两侧对称；花有距；蒴果 3 瓣裂开 ···········董菜科 Violaceae

    185. 花整齐或近于整齐，无距 ···········虎耳草科 Saxifragaceae

173. 子房 2 室或更多室。

186. 花瓣形状彼此极不相等。

  187. 每子房室有胚珠 1；子房 3 室；雄蕊离生；叶盾状 ············ 旱金莲科 Tropaeolaceae

  187. 每子房室内有数个至多数胚珠。

    188. 子房 2 室·································虎耳草科 Saxifragaceae

    188. 子房 5 室 ························· 凤仙花科 Balsaminaceae

186. 花瓣形状彼此相等或微有不等，且有时花也可为两侧对称。

189. 雄蕊数和花瓣数既不相等，也不是它的倍数。

190. 叶对生。

  191. 雄蕊 2，稀可 3；核果、蒴果、浆果或翅果 ·························木犀科 Oleaceae

  191. 雄蕊 4~10，常 8；翅果 ······················ 槭树科 Aceraceae

190. 叶互生。

  192. 叶为单叶，多全缘；花单性 ························大戟科 Euphorbiaceae

  192. 叶为单叶或复叶；花两性或杂性。

    193. 萼片为镊合状排列；雄蕊连成单体 ····························梧桐科 Sterculiaceae

    193. 萼片为覆瓦状排列；雄蕊离生。

     194. 子房 4 或 5 室，每子房室内有 8~12 胚珠；种子具翅 ············ 楝科 Meliaceae

     194. 子房常 3 室，每室有 1 至数个胚珠；种子无翅 ········· 无患子科 Sapindaceae

189. 雄蕊数和花瓣数相等，或是它的倍数。

195. 每子房室内有胚珠或种子 3 至多数。

196. 叶为复叶。

  197. 雄蕊连合成为单体 ·································酢浆草科 Oxalidaceae

  197. 雄蕊彼此相互分离 ·······································楝科 Meliaceae

196. 叶为单叶。

  198. 草本或亚灌木。

    199. 花周位；花托多少有些中空。

     200. 雄蕊着生于杯状花托边缘 ·················虎耳草科 Saxifragaceae

     200. 雄蕊着生于杯状或管状花萼托的内侧 ···············千屈菜科 Lythraceae

    199. 花下位；花托常扁平 ··························石竹科 Caryophyllaceae

198. 木本植物。
 201. 花瓣常彼此衔接或其边缘互相依附的柄状瓣爪 ········ 海桐科 Pittosporaceae
 201. 花瓣无瓣爪，或仅具互相分离的细长柄状瓣爪。
  202. 花托空凹；萼片呈镊合状或覆瓦状排列 ················千屈菜科 Lythraceae
  202. 花托扁平或微凸起；萼片呈覆瓦状或于杜英科呈镊合状排列。
   203. 花为五出数；蒴果；花药顶端孔裂 ·····················杜鹃花科 Ericaceae
   203. 花为四出数；核果或蒴果；花药顶孔开裂或从顶部向下直裂；花瓣
    先端具齿裂··杜英科 Elaeocarpaceae
195. 每子房室内有胚珠或种子 1 或 2。
 204. 草本植物，有时基部呈灌木状。
  205. 花单性、杂性，或雌雄异株································· 大戟科 Euphorbiaceae
  205. 花两性。
   206. 雄蕊彼此分离；花柱互相连合 ·················· 牻牛儿苗科 Geraniaceae
   206. 雄蕊互相连合；花柱彼此分离 ······················· 亚麻科 Linaceae
 204. 木本植物。
  207. 叶对生；花瓣全缘；每果实具 2 个或连合为 1 个的翅果···· 槭树科 Aceraceae
  207. 叶互生，如为对生时，则果实不为翅果。
   208. 叶为复叶，或稀可为单叶而有具翅的果实。
    209. 雄蕊连为单体 ···································· 棟科 Meliaceae
    209. 雄蕊各自分离。
     210. 花柱 3~5；叶常互生，脱落性 ············· 漆树科 Anacardiaceae
     210. 花柱 1；羽状复叶，互生，常绿性或脱落性 ····· 无患子科 Sapindaceae
   208. 叶为单叶；果实无翅。
    211. 雄蕊连成单体，或如为 2 轮时，至少其内轮者如此。
     212. 花单性；萼片或萼裂片 2~6，镊合或覆瓦状排列大戟科 Euphorbiaceae
     212. 花两性；萼片 5 片，呈覆瓦状排列························· 亚麻科 Linaceae
    211. 雄蕊各自分离。
     213. 果呈蒴果状。
      214. 叶互生或稀可对生；花下位 ·················· 大戟科 Euphorbiaceae
      214. 叶对生或互生；花周位 ························· 卫矛科 Celastraceae
     213. 果呈浆果状核果 ······························· 冬青科 Aquifoliaceae
97. 花冠为多少有些连合的花瓣所组成。
 215. 成熟雄蕊或单体雄蕊的花药数多于花冠裂片。
  216. 心皮 1 至数个，互相分离或大致分离。
   217. 叶为单叶或有时可为羽状分裂，对生，肉质 ············景天科 Crassulaceae
   217. 叶为二回羽状复叶，互生，不呈肉质 ····················含羞草科 Mimosaceae
  216. 心皮 2 或更多，连合成一复合性子房。
   218. 雌雄同株或异株，有时为杂性；无透明微点 ·············柿树科 Ebenaceae
   218. 花两性。
    219. 花瓣连成一盖状物，或花萼和花瓣均可合成一盖状物 ······· 桃金娘科 Myrtaceae
    219. 花瓣及花萼裂片均不连成盖状物。

220. 雄蕊 5~10 或其数不超过花冠裂片的 2 倍。

 221. 复叶；单体雄蕊或花丝连合；花药纵裂；花粉粒单生 ························
··· 酢浆草科 Oxalidaceae

 221. 单叶；雄蕊分离；花药顶端孔裂；花粉粒为四合型·····杜鹃花科 Ericaceae

220. 雄蕊为不定数。

 222. 萼片和花瓣常各为多数，无显著区分；子房下位；植物体肉质；绿色，
常具棘针，而其叶退化 ····························· 仙人掌科 Cactaceae

 222. 萼片和花瓣常各为 5，有显著区分；子房上位；单体雄蕊·····················
··· 锦葵科 Malvaceae

215. 成熟雄蕊并不多于花冠裂片或有时因花丝的分裂则可过之。

 223. 雄蕊和花冠裂片为同数且对生。

  224. 果实内有数个至多数种子。

   225. 乔木或灌木；果实呈浆果状或核果状 ···········紫金牛科 Myrsinaceae

   225. 草本；果实呈蒴果状·····························报春花科 Primulaceae

  224. 果实内仅有 1 个种子。

   226. 子房下位或半下位 ························· 桑寄生科 Loranthaceae

   226. 子房上位。

    227. 攀援性草本；萼片 2；果为肉质宿存花萼所包围·············落葵科 Basellaceae

    227. 直立草本或亚灌木，有时为攀援性；萼片或萼裂片 5；果为蒴果或瘦果，不
为花萼所包围 ·······················白花丹科 Plumbaginaceae

 223. 雄蕊和花冠裂片为同数且互生，或雄蕊数较花冠裂片为少。

  228. 子房下位。

   229. 植物体常以卷须而攀援或蔓生；胚珠及种子皆为水平生长于侧膜胎座上 ···········
··· 葫芦科 Cucurbitaceae

   229. 植物体直立，如为攀援时也无卷须；胚珠及种子并不为水平生长。

    230. 雄蕊互相连合。

     231. 花整齐或两侧对称，成头状花序；子房 1 室，仅有 1 个胚珠 ··················
··· 菊科 Compositae

     231. 花多两侧对称，单生或成总状或伞房花序；子房 2 或 3 室，内有多数胚珠··
··· 桔梗科 Campanulaceae

    230. 雄蕊各自分离。

     232. 雄蕊和花冠相分离或近于分离 ··············· 桔梗科 Campanulaceae

     232. 雄蕊着生于花冠上。

      233. 雄蕊 4 或 5，和花冠裂片同数。

       234. 叶互生；每子房室内有多数胚珠 ·············· 桔梗科 Campanulaceae

       234. 叶对生或轮生；每子房室内有 1 个至多数胚珠。

        235. 叶轮生，如为对生时，则有托叶存在 ··············· 茜草科 Rubiaceae

        235. 叶对生，无托叶或稀有托叶；聚伞花序············忍冬科 Caprifoliaceae

      233. 雄蕊 1~4，其数较花冠裂片为少。

       236. 子房 1 室；胚珠多数，生于侧模胎座上 ············ 苦苣苔科 Gesneriaceae

       236. 子房 2 室或更多室，具中轴胎座。

237. 落叶或常绿灌木；叶片常全缘或有锯齿⋯⋯⋯⋯⋯忍冬科 Caprifoliaceae

237. 陆生草本；叶片常有很多的分裂⋯⋯⋯⋯⋯⋯⋯败酱科 Valerianaceae

228. 子房上位。

238. 子房深裂为 2~4 部分；花柱或数花柱均自子房裂片之间伸出。

239. 花冠两侧对称或稀可整齐；叶对生⋯⋯⋯⋯⋯⋯⋯⋯⋯唇形科 Labiatae

239. 花冠整齐；叶互生。

240. 花柱 2；多年生匍匐性小草本；叶片呈圆肾形⋯⋯⋯⋯旋花科 Convolvulaceae

240. 花柱 1⋯⋯⋯⋯⋯⋯⋯⋯⋯⋯⋯⋯⋯⋯⋯⋯紫草科 Boraginaceae

238. 子房完整或微有分割，或为 2 个分离的心皮所组成；花柱自子房的顶端伸出。

241. 花冠不整齐，常多少有些呈二唇状。

242. 成熟雄蕊 5 个。

243. 雄蕊和花冠离生⋯⋯⋯⋯⋯⋯⋯⋯⋯⋯⋯⋯⋯杜鹃花科 Ericaceae

243. 雄蕊着生于花冠上⋯⋯⋯⋯⋯⋯⋯⋯⋯⋯⋯⋯紫草科 Boraginaceae

242. 成熟雄蕊 2 或 4，退化雄蕊有时也可存在。

244. 每子房室内仅含 1 或 2 胚珠 (如为后一情形时，也可在次 244 项检索之)。

245. 叶互生或基生；雄蕊 2 或 4，胚珠垂悬；子房 2 室，每室仅有 1 胚珠 ⋯⋯⋯
⋯⋯⋯⋯⋯⋯⋯⋯⋯⋯⋯⋯⋯⋯⋯⋯⋯玄参科 Scrophulariaceae

245. 叶对生或轮生；雄蕊 4，稀 2；胚珠直立；子房 2~5 室，每室有 2 或更多的
胚珠 ⋯⋯⋯⋯⋯⋯⋯⋯⋯⋯⋯⋯⋯⋯⋯⋯马鞭草科 Verbenaceae

244. 每子房室内有 2 至多数胚珠。

246. 子房 1 室具侧膜胎座或中央胎座 (有时可因侧膜胎座的深入而为 2 室)。

247. 多为乔木或木质藤本；单叶或复叶，对生或轮生，稀可互生，种子有翅，
但无胚乳⋯⋯⋯⋯⋯⋯⋯⋯⋯⋯⋯⋯⋯⋯⋯紫葳科 Bignoniaceae

247. 多草本；单叶，基生或对生；种子无翅 ⋯⋯⋯⋯苦苣苔科 Gesneriaceae

246. 子房 2~4 室，具中轴胎座。

248. 叶对生；种子无胚乳，位于胎座的钩状突起上 ⋯⋯⋯ 爵床科 Acanthaceae

248. 叶互生或对生；种子有胚乳，位于中轴胎座上 ⋯⋯ 玄参科 Scrophulariaceae

241. 花冠整齐，或近于整齐。

249. 雄蕊数较花冠裂片为少。

250. 子房 2~4 室，每室内仅含 1 或 2 个胚珠。

251. 雄蕊 2⋯⋯⋯⋯⋯⋯⋯⋯⋯⋯⋯⋯⋯⋯⋯⋯⋯木犀科 Oleaceae

251. 雄蕊 4⋯⋯⋯⋯⋯⋯⋯⋯⋯⋯⋯⋯⋯⋯⋯马鞭草科 Verbenaceae

250. 子房 1 或 2 室，每室内有数个至多数胚珠。

252. 子房 1 室，内具分歧侧膜胎座，或因胎座深入而使成子房成 2 室 ⋯⋯⋯⋯
⋯⋯⋯⋯⋯⋯⋯⋯⋯⋯⋯⋯⋯⋯⋯⋯⋯苦苣苔科 Gesneriaceae

252. 子房为完全的 2 室，内具中轴胎座。

253. 花冠于蕾中常折迭；子房 2 心皮的位置偏斜⋯⋯⋯⋯⋯ 茄科 Solanaceae

253. 花冠不折迭，呈覆瓦状排列；子房 2 心皮位于前后方 ⋯⋯⋯⋯⋯⋯⋯
⋯⋯⋯⋯⋯⋯⋯⋯⋯⋯⋯⋯⋯⋯⋯⋯玄参科 Scrophulariaceae

249. 雄蕊和花冠裂片同数。

254. 子房 2，或为 1 而成熟后呈双角状。

255. 雄蕊各自分离；花粉粒也彼此分离··············· 夹竹桃科 Apocynaceae

255. 雄蕊互相连合；花粉粒连成花粉块············· 萝藦科 Asclepiadaceae

254. 子房 1，不呈双角状。

256. 子房 1 室或因侧膜胎座的深入而成 2 室。

257. 花显著，呈漏斗形而簇生；瘦果，有棱或翅········ 紫茉莉科 Nyctaginaceae

257. 花小而成球形头状花序；荚果·················含羞草科 Mimosaceae

256. 子房 2~10 室。

258. 无绿叶而为缠绕性寄生植物 ············ 旋花科 Convolvulaceae（菟丝子亚科）

258. 不是上述的无叶寄生植物。

259. 叶对生，两叶之间有托叶所成的连接线或附属物·····马钱科 Loganiaceae

259. 叶互生，或基生、轮生，若对生，其两叶间也无托叶所成的连系物。

260. 雄蕊和花冠离生或近于离生。

261. 灌木或亚灌木；花药顶端孔裂；花粉粒为四合体；子房常 5 室·····

·································杜鹃花科 Ericaceae

261. 一年或多年生草本，常缠绕性；花药纵裂；花粉粒单纯；子房常

3~5 室 ······························ 桔梗科 Campanulaceae

260. 雄蕊着生于花冠的筒部。

262. 雄蕊 4，稀可在冬青科为 5 个或更多。

263. 无主茎草本，花葶基生，穗状花序···········车前科 Plantaginaceae

263. 乔木、灌木，或具有主茎的草木。

264. 叶互生，多常绿 ····························冬青科 Aquifoliaceae

264. 叶对生或轮生。

265. 子房 2 室，每室内有多数胚珠········· 玄参科 Scrophulariaceae

265. 子房 2 至多室，每室胚珠 1 或 2········· 马鞭草科 Verbenaceae

262. 雄蕊常 5，稀可更多。

266. 每子房室内仅有 1 或 2 个胚珠。

267. 核果；花冠有明显的裂片，并在蕾中呈覆瓦状或旋转状排列；

叶全缘或有锯齿；常为直立木本或草本，多粗壮或具刺毛·····

·································紫草科 Boraginaceae

267. 蒴果；花瓣完整或具裂片；叶全缘或具裂片，但无锯齿缘；

常为缠绕性草本或半木质攀援植物 ······ 旋花科 Convolvulaceae

266. 每子房室内有多数胚珠；多无托叶；花冠裂片呈覆瓦状或旋状

排列；浆果或蒴果 ······················· 茄科 Solanaceae

9. 子叶 1；茎无中央髓部，也不呈年轮状的生长；叶多具平行叶脉；花为三出数，有时为

四出数，但极少为五出数（单子叶植物纲 Monocotyledoneae）。

268. 木本植物，呈棕榈状，或其叶于芽中呈折迭状；圆锥或穗状花序，托以佛焰苞片

·····························棕榈科 Palmae

268. 草本植物或稀可为本质茎，但其叶于芽中从不呈折迭状。

269. 无花被或在眼子菜科中很小。

270. 花包藏于或附托以呈覆瓦状排列的壳状鳞片（特称为颖）中，由多花至 1 花形成

小穗（即简单的穗状花序）。

271. 秆多少有些呈三棱形，实心；茎生叶呈三行排列；叶鞘封闭；花药以基底附着花丝；果实为瘦果或囊果 ·· 莎草科 Cyperaceae

271. 秆常呈圆筒形；中空；茎生叶呈二行排列；叶鞘常在一侧纵裂开；花药以其中部附着花丝；果实通常为颖果 ································ 禾本科 Gramineae

270. 花虽有时排列为具总苞的头状花序，但并不包藏于呈壳状的鳞片中。

272. 植物体微小，无真叶，仅具无茎而漂浮或沉水的叶状体 ·········· 浮萍科 Lemnaceae

272. 植物体常具茎，也具叶，其叶有时可呈鳞片状。

273. 叶有柄，全缘或各种形状的分裂，具网状脉；肉穗花序，常有一大型而常具色彩的佛焰苞片 ································ 天南星科 Araceae

273. 叶无柄，细长形、剑形，或退化为鳞片状，其叶片常具平行脉。

274. 花形成紧密的穗状花序。

275. 具叶状的佛焰苞片；单性时雌雄同株（同花序）或异株 ································

·· 天南星科 Araceae

275. 穗状花序位于圆柱形花梗顶端，无佛焰苞片；雌雄同株 ································

·· 香蒲科 Typhaceae

274. 花序有各种型式；花常两性 ·································· 灯心草科 Juncaceae

269. 有花被，常显著，且呈花瓣状。

276. 雌蕊 3 至多数，互相分离 ·································· 泽泻科 Alismataceae

276. 雌蕊 1，复合性。

277. 子房上位，或花被和子房相分离。

278. 花被分化为花萼和花冠 2 轮；叶互生，基部具鞘，平行脉；聚伞花序；雄蕊 6，或因退化而数较少 ····················· 鸭跖草科 Commelinaceae

278. 花被裂片彼此相同或近于相同。

279. 花小型，花被裂片绿色或棕色 ················· 灯心草科 Juncaceae

279. 花大型或中型，或有时为小型，花被裂片多少有些具鲜明的色彩。

280. 水生植物；雄蕊 6，不相同，或有不育 ················· 雨久花科 Pontederiaceae

280. 陆生植物；雄蕊 6、4 或 2，彼此相同。

281. 花为四出数，叶对生或轮生，具显著纵脉及横脉 ······· 百部科 Stemonaceae

281. 花为三出或四出数；叶常基生或互生 ···························· 百合科 Liliaceae

277. 子房下位，或花被多少有些和子房相愈合。

282. 花两侧对称或为不对称形。

283. 花被片均成花瓣状；雄蕊和花柱多少有些互相连合 ············· 兰科 Orchidaceae

283. 花被片并不是均成花瓣状，其外层者形如萼片；雄蕊和花柱相分离。

284. 后方 1 个雄蕊常为不育性，其余 5 个则发育而具花药 ······· 芭蕉科 Musaceae

284. 后方 1 个雄蕊发育而具有花药，其余 5 个则退化，或变形为花瓣状。

285. 花药 2 室；萼片连合为一萼筒，有时呈佛焰苞状 ········ 姜科 Zingiberaceae

285. 花药 1 室；萼片分离或至多彼此相衔接。

286. 子房 3 室，每室有多数胚珠生于中轴胎座上；不育雄蕊花瓣状，互相于基部合生 ·································· 美人蕉科 Cannaceae

286. 子房 3 室或退化成 1 室，每室仅具 1 基生胚珠；不育雄蕊也花瓣状，唯多少有些互相合生 ·································· 竹芋科 Marantaceae

282. 花常辐射对称，也即花整齐或近于整齐。

  287. 水生草本，植物体部分或全部沉没水中 ························· 水鳖科 Hydrocharitaceae

  287. 陆生草木。

    288. 植物体为攀援性；叶片宽广，具网状脉和叶柄 ····················· 薯蓣科 Dioscoreaceae

    288. 植物体不为攀援性；叶具平行脉。

      289. 雄蕊 3，与花被的外层裂片相对生；花辐射对称或两侧对称；叶 2 行排列，两侧扁平而无背腹面之分 ·· 鸢尾科 Iridaceae

      289. 雄蕊 6，与花被裂片相对生；花辐射对称。

      290. 子房部分下位 ·· 百合科 Liliaceae

      290. 子房完全下位 ·· 石蒜科 Amaryllidaceae

中文名索引